AF389036

...DE ENTOMOLOGIQUE DE FRANCE
[PUBLICATIONS HORS SÉRIE]

FAÙNE

DES

COLÉOPTÈRES DU BASSIN DE LA SEINE

PAR

Louis BEDEL

———

Tome VI bis

(Supplément aux *RHYNCHOPHORA*)

Rédigé d'après les notes de L. BEDEL

PAR

J. SAINTE-CLAIRE DEVILLE

MEMBRE HONORAIRE DE LA SOCIÉTÉ ENTOMOLOGIQUE DE FRANCE

PARIS

SOCIÉTÉ ENTOMOLOGIQUE DE FRANCE

28, rue Serpente, 28

1924

BIBLIOTHÈQUE NATIONALE R.F. IMPRIMÉS

COLÉOPTÈRES DU BASSIN DE LA SEINE

RHYNCHOPHORA

(SUPPLÉMENT)

8° S
2587 (VI bis)

SOCIÉTÉ ENTOMOLOGIQUE DE FRANCE

[PUBLICATIONS HORS SÉRIE]

FAUNE

DES

COLÉOPTÈRES DU BASSIN DE LA SEINE

PAR

Louis **BEDEL**

Tome VI bis

(Supplément aux *RHYNCHOPHORA*)

Rédigé d'après les notes de L. BEDEL

PAR

J. SAINTE-CLAIRE DEVILLE

Membre honoraire de la Société entomologique de France

PARIS

SOCIÉTÉ ENTOMOLOGIQUE DE FRANCE

28, rue Serpente, 28

1924

AVANT-PROPOS

Le Supplément que je présente aujourd'hui au public entomologique est peut-être, parmi les ouvrages posthumes de L. Bedel, celui dont l'apparition devait le moins tarder. Il a été rédigé dans les dernières années qui ont précédé la guerre. Bien avant son décès, mon regretté maître et ami m'avait autorisé à parcourir son manuscrit, et à profiter de quelques renseignements. Cependant, lorsque ces précieux feuillets me furent confiés par la Société entomologique, avec mission d'en assurer la publication, j'eus la surprise de les trouver, à une lecture plus attentive, beaucoup moins « au point » que je ne l'aurais supposé. Le texte, surchargé de corrections et de ratures, est loin d'être définitif; il présente, de place en place, quelques lacunes et l'indication de points à élucider ultérieurement. J'ai dû, pour une bonne partie de l'ouvrage, procéder à une nouvelle rédaction. J'en ai profité pour faire subir au texte primitif quelques additions (dont celle de cinq ou six espèces qui ne figuraient pas dans le manuscrit), et quelques rectifications peu nombreuses; je n'ai pas hésité, de temps à autre, à supprimer certains passages d'un intérêt secondaire, afin de gagner quelques pages et de diminuer ainsi les frais d'impression. En raison de ce travail personnel, j'ai été amené à donner au titre la forme qu'on trouvera ci-dessus.

Par un scrupule bien naturel, j'ai pris soin de séparer, autant qu'il m'était possible, la part de l'auteur principal de la *Faune* et celle de son continuateur. Partout où la rédaction a imposé à Bedel la forme personnelle, j'ai fait suivre son texte des lettres « L. B. »; de même, les quelques alinéas qui me sont propres sont indiqués par mes initiales « J. S. C. D. » Comme dans les précédents volumes de la *Faune*, le point d'exclamation (!) signale les captures de Bedel ou celles qu'il a contrôlées; l'astérisque, placé à la fin d'un nom d'espèce, indique les *types* dont il a fait lui-même l'examen. Dans les cas correspondants, j'ai signalé mes propres captures et mes propres vérifications par un double point d'exclamation (!!) ou par un double astérisque (**).

Comparé au volume VI de la *Faune du Bassin de la Seine*, vieux déjà de près de quarante années, le présent Supplément est relativement considérable. Il énumère près de cinquante espèces qui sont venues, depuis cette date, renforcer la faune déjà riche du bassin parisien. Mais c'est dans le domaine de la biologie qu'on peut enregistrer les progrès les plus intéressants. Actuellement, parmi nos Curculionides à larves épiphytes ou endophytes (¹), il n'en est presque plus dont les plantes nourricières et les mœurs nous soient complètement inconnues. Malgré le laconisme inhérent au plan de l'ouvrage, j'ai cherché à donner aux renseignements sur la vie évolutive de nos Charançons l'importance que leur attachait à juste titre l'auteur de la *Faune*. En réunissant l'ancien tome VI et le présent Supplément, on peut se faire une idée d'ensemble de ce que nous connaissons de leur histoire naturelle.

Dans cette partie de sa tâche, BEDEL avait trouvé parmi nos collègues une pléiade de collaborateurs bénévoles. A son manuscrit sont annexées, comme pièces à l'appui, de nombreuses lettres qui seront citées dans l'ouvrage, et qui relatent des observations souvent neuves, toujours intéressantes et personnelles. C'est un devoir pour moi que d'adresser à leurs auteurs le témoignage de reconnaissance que mon regretté maître n'eût pas manqué de leur offrir. Si les lignes qui suivent renferment quelques détails biologiques inédits, c'est à eux qu'en revient le mérite.

---

(1) Il n'en est pas de même de ceux dont les larves vivent dans le sol, à l'extérieur des racines, et qui, d'ailleurs, paraissent infiniment moins exclusifs dans le choix de leur nourriture. Chez ces derniers, le régime des adultes n'a souvent rien de commun avec celui des larves et ne fournit que peu d'indices pour découvrir ce dernier. Parmi les Curculionides issus de larves ayant vécu à la racine des plantes basses, certains restent toute leur vie plus ou moins terricoles; d'autres se répandent au printemps sur les buissons ou sur les arbustes cultivés, dont ils attaquent les jeunes pousses; ils sont ainsi beaucoup plus nuisibles à l'état parfait qu'à l'état larvaire.

ADDITIONS ET CORRECTIONS AU TOME VI

Platyrrhinidae (p. 3). — Lisez **Anthribidae**. — Le genre *An-thribus* est à rétablir et avec lui les noms de la famille et de la tribu auxquelles il appartient. Le nom d'*Anthribus* a été publié régulière-ment, non par Geoffroy en 1762, mais par O. F. Müller (*Fn. Ins. Fridr.*, p. xii) en 1764. Quant au genre *Anthribus* ‡ Degeer, 1774, il est synonyme de *Triplax* Payk. (Voir. p. 4, note.) (*L. B.*).

Iʳᵉ Famille. ANTHRIBIDAE.

Genre **Urodon** Schön.

Urodon rufipes Ol. — Biol. : Urban in *Ent. Blätt.*, [1913], p. 58, fig.

[*U. pygmaeus* Gyllh.]. — Tout ce qui a trait à cette espèce (p. 5, 12 et 423) est à rayer et à remplacer par le texte suivant :

U. canus Küst., 1848, *Käf. Eur.*, 13, 83, *type* : Carthagène (Handschuch). — *pygmaeus* ‡ Bed. (*non* Gyllh.). — Vit, sur les collines calcaires du bassin parisien, sur l'*Iberis amara*!!; aux envi-rons de Lyon, sur l'*Iberis pinnata* (Jacquet in *L'Échange*, [1886], nᵒ 20); juin à août. — S.-et-O. : environs de Sᵗ-Germain; Valmartin (H. Bris.); Bouray et Lardy; Saclas!; Presles (J. Clermont!). — Oise : Thury (Vuillefroy). — S.-et-M. : Fontainebleau (H. Bris.). — Yonne : Givry (Ch. Bris.!). — Côte-d'Or : Montbard!; Dijon (Rou-get). — Hᵗᵉ-Marne : Sᵗ-Dizier!!; Gudmont!!; Auberive!. — Calv. : Monts d'Eraines près Coulibeuf (Fauv.).

Obs. — Chez les mâles, les tibias postérieurs portent un denti-cule au milieu de leur bord interne.

U. conformis Suffr. (p. 12). — Seine : Colombes (Mᵐᵉ J. Magnin!). — S.-et-O. : Le Butard près Versailles (A. Dubois!); Châteaufort (J. Magnin, 1909); La Ferté-Alais!; Boigny près Saclas!; Sᵗ-Martin-du-Tertre (A. Léveillé!); Presles (J. Magnin). — Eure-et-Loir : côte de Dreux, août!. — Aisne : Soissons (G. de Buffévent!!). — Marne : Reims (Ch. Demaison!). — Yonne : Sᵗ-Florentin (La Brû-lerie).

Aussi dans l'Atlas Algérien (P. de Peyerimhoff).

4   *Rhynchophora. — Supplément.*

Genre **Anthribus** Müll., 1764.
Brachytarsus Schönh., 1833 (1).

Synopsis : Schilsky, *Käf. Eur.*, fasc. 44. — Espèces françaises : Chobaut, *Bull. Soc. ent. Fr.*, [1922], p. 85.

A. *fasciatus* Forst. (p. 13). — *scabrosus* Fabr., 1775, *Syst. Ent.*, p. 64. — Observé jadis en grand nombre à Paris même, sur un *Acer* de l'avenue d'Eylau (H. Marmottan). — Aussi en Algérie.

Obs. — En Normandie, cette espèce n'est indiquée que des Monts d'Eraines (Calvados), et encore cette localité est-elle considérée comme douteuse par Fauvel (*Cat. mss.*).

A. *variegatus* Fourcr. (p. 13). — *nebulosus* Forst., 1771, *Novae sp. Ins.*, p. 10. — Schilsky, *loc. cit.* — *bruchoides* Rossi, 1790 (*sub Bostrychus*). — Varie de 2 à 5,5 mm. de long. — Se retrouve au Japon (*L. B.*).

Obs. — Rossi, à la fin du XVIIIe siècle, l'indique de Paris (Bosc) et de Toscane (sous l'écorce du *Cupressus fastigiata*).

Genre **Opanthribus** Schilsky, 1907.
Käf. Eur., fasc. 44, n°s 44 et 74.

***O tessellatus** Bohm., 1833, *ap.* Schönh., *Gen. sp. Curc.*, I, p. 172. — *fallax* Perris*, 1874, in *L'Abeille* XIII, p. 13.
Sur les branches des jeunes Chênes (P. Bauduer!) et celles des Saules morts (R. Grilat!). — *RR.*

Yonne : Mont-Marte près d'Avallon!, un individu pris en battant un taillis de chênes. — Côte-d'Or : [Dijon, allées de la Retraite, un individu (Dudrumel)].

Lyonnais (R. Grilat); Landes (Bauduer); Allemagne jusqu'à Berlin, Styrie; Hongrie.

Obs. — L'*Opanthribus tessellatus* a les yeux aplatis et entamés en avant par les bords latéraux du rostre. Il diffère des vrais *Anthribus* (*Brachytarsus*) par son pronotum rebordé tout le long des côtés, par ses élytres sans taches de poils noirs, sa forme étroite, etc.; il ressemble davantage à un petit *Tropideres*.

(1) En 1826, Schönherr a décrit *Brachytarsus* et *Araeocerus* comme simples sous-genres d'*Anthribus*.

Genre **Platystomos** Schneid.

Anthribus ‡ Schönh. — *Macrocephalus* Ol.

P. albinus L. (p. 13). — H^te-Marne : Donjeux!! — Yonne : Avallon (Ch. Bris.!). — Nièvre : Brassy (Méquignon!). — Orne : [env. de Longny (E. Cordier!)].

Transcaucasie : Batoum (Ch. Martin!); Japon (Muséum de Paris!, 1906).

Obs. — Le *P. albinus* présente, dans la région parisienne, deux aberrations extrêmes :

1° ab. *Thierrati* Viturat 1895. — Pubescence élytrale à fond noir.

2° ab. *seniculus* Bed., n. ab. — Pubescence élytrale à ornements blancs très développés (l'antérieur se reliant longitudinalement au postérieur) et encadrant une tache brune commune et cordiforme.

Genre **Platyrrhinus** Clairv.

P. latirostris F., 1775 (p. 14) = **resinosus** Scop., 1763, *Ent. carniol.*, p. 24, fig. 67. — Biol. et larve : Donisthorpe in *Ent. Record*, XXII [1920], p. 157, tab.

Vit dans les troncs morts ou malades d'arbres non résineux attaqués par des Champignons du groupe des Sphériacées : *Ustulina vulgaris* sur le Hêtre (C. Boudier), *Daldinia concentrica* sur le Frêne (Donisthorpe), *Corticinum cinereum* sur l'Aune (Reitter).

Orne : [Le Mage près Longny (E. Cordier)].

Transcaucasie (Radde); Corse (Vodoz!!); Tell algérien et tunisien : massif des Mouzaïa, G^de Kabylie, Philippeville, La Calle, El-Feidja.

Genre **Tropideres** Steph., 1831 (¹)

Reitter (*Fn. germ.*, t. V, p. 4) a donné récemment une nouvelle division du genre *Tropideres* dont voici le résumé :

A. Crête basale du pronotum entière et bien nette.

   B. Crête basale des élytres arquée en arrière; premier article des tarses postérieurs moins long que l'ensemble des suivants......................... *Tropideres* s. str.

(1) Et non pas « Schönh., 1833 » comme le porte le texte, p. 14.

B′. Crête basale des élytres droite.

 C. Premier article des tarses postérieurs moins long
  que l'ensemble des suivants. Crête basale du pronotum droite ou à peine sinuée latéralement......
  .... ***Enedreutes.***

 C′. Premier article des tarses postérieurs plus long
  que l'ensemble des suivants. Crête basale du pronotum bisinuée............... ***Raphitropis*** Reitt.

A′. Crête basale du pronotum bisinuée et interrompue.......
  .... ***Tropiderinus*** Reitt.

Tropideres s. str. — Espèces : *albirostris, bilineatus, dorsalis.*

Subg. ***Enedreutes*** Schönh. — Espèces : *niveirostris, sepicola, hilaris, curtirostris, undulatus, fuscipennis* Guill.

Subg. ***Raphitropis*** Reitt. — Espèces : *oxyacanthae, marchicus, cinctus* Payk. (*pudens* Gyll.).

Subg. ***Tropiderinus*** Reitt. — Espèce : *Munieri* Bed.

* **T. dorsalis** Thunb., 1796, *Mus. Ac. Upsal,* App., fasc. 4, p. 146. — Bedel, *Faune,* VI, p. 9, note.

S.-et-M. : forêt de Fontainebleau, du côté du Calvaire, sur un *Crataegus,* octobre 1887 (Bonnaire in *Ann. Soc. ent. Fr.,* [1888], *Bull.,* p. 96); repris dans la même forêt, au plateau de Bellecroix, sur un bouleau mort, le 25 août 1903 (Gruardet!!).

Europe septentrionale et centrale, très rare partout; Limoges (H. d'Orbigny!!); Sos (Bauduer); Basses-Pyrénées : Eaux-Chaudes (Mascaraux!!). Grande-Chartreuse (Baizet).

T. albirostris Herbst (p. 14) = *albirostris* Schall., 1783, in *Abh. Hall. Nat. Ges.,* I, p. 287 ([1]).

T. niveirostris Fabr. (p. 14). — *dubius* Ponza, 1805. — Vit dans les branches mortes de la plupart des essences feuillues; capturé en nombre à Gudmont (Haute-Marne) dans un fagot de Cytise ayant passé l'hiver sur place!!. — Très rare, ainsi que toutes les espèces du même genre, dans la partie du bassin de la Seine soumise à l'influence maritime (Boulonnais, Picardie, Normandie).

T. sepicola Fabr. (p. 14). — Surtout sur le Chêne, mais aussi dans les branches mortes du Charme, du Hêtre et du Châtaignier.

---

(1) La description de Herbst est datée de 1784, et non de 1783 comme on l'a admis jusqu'ici [*L. B.*].

Obs. — L'aberration *combraliensis* Des Gozis, caractérisée par sa taille extrêmement petite et par les taches des élytres non veloutées, est très rare; j'en ai pris un individu au moulin de Brotz près L'Home (Orne) [*L. B.*].

T. undulatus Panz. (p. 15). — S. et S.-et-O. : Bois-Colombes; Vaux près L'Isle-Adam (J. Magnin!). — Oise : Neuville-Bosc (L. Carpentier!). — Nièvre : Dun-les-Places (Méquignon!).

T. pudens Gyllh. (p. 15). — *cinctus* Payk., *sec.* Reitt., *Fn. Germ.*, V, p. 7. — S.-et-M. : Nemours, sur une branche morte de chêne! — Obtenu d'éclosion, à Bourges, de fagots de chêne ayant séjourné un an et demi dans les bois!!.

T. marchicus Herbst (p. 15). — Seine-et-Oise : Gargan (Méquignon). — Oise : Laigneville (Méquignon). — Yonne : Avallon, le long des vergers de Sous-Roche, juin! — Côte-d'Or : Montbard (Gruardet!). — Calvados : Percy-en-Auge (Fauvel).

T. oxyacanthae Ch. Bris. (p. 15). — Seine : Bois-Colombes (Mme J. Magnin!).

T. hilaris Fåhrs. (p. 15). — S.-et-O. : Moisson!; hauteurs de l'Ardenay près La Ferté-Alais!; Lardy (Duchaine). — S.-et-M. : Chailly!; Barbizon!; Darvault près Nemours (Bourgoin). — Yonne : Avallon!. — Marne : Ste-Ménéhould (Ch. Demaison).

Aussi dans les Côtes-du-Nord : St-Cast (L. Garreta!), dans l'Italie centrale (J. Sahlberg), aux Iles Baléares et en Algérie : Bône!, Philippeville.

Genre **Choragus** Kirby.

C. Sheppardi Kirby (p. 16). — S.-et-O. : Chaville (Mme J. Magnin!); parc de Trianon à Versailles (A. Dubois). — Oise : forêt de Compiègne!; Laigneville (Méquignon). — Somme : Boutillerie près Amiens (Delaby). — P.-de-C. : forêt de Guines!!. — Yonne : Avallon!. — Calvados : Tourville (Sédillot!).

2e Famille. **NEMONYCHIDAE.**

Revision : Schilsky *ap.* Küst., *Käf. Eur.*, XL (1903).

Genre **Nemonyx** Redt. (¹).

N. lepturoides Fabr. (p. 19). — Champs cultivés, avant la moisson, sur les *Delphinium* en fleurs, surtout fin juillet!. — Seine : La Varenne (Marmottan!). — S.-et-O. : La Ferté-Alais!; station de Lardy!; St-Cyr-la-Rivière!. — S.-et-M. : Nemours (Béguin-Billecocq). — Marne : Avenay (Harez). — Aube : Macey (coll. Fauvel). — Eure-et-Loir : environs de Chartres (Bellier, 1867).

Genre **Doedycorrhynchus** Germ.

D. austriacus Ol. (p. 19). — Biol. : Xambeu in *Ann. Soc. Linn. Lyon* [1898], p. 199 (nymphe).

Cette espèce, qui il y a trente ans était à peine connue dans notre région, s'est propagée depuis dans presque toutes les plantations de Pins du bassin parisien, surtout à l'Est de la capitale.

Elle existe également en Algérie et en Tunisie.

3ᵉ Famille. **CURCULIONIDAE.**

Tribu **ATTELABINI**.

Revision : Schilsky *ap.* Küst., *Käf. Eur.*, XL [1903] (²).

Genre **Attelabus** L.

A. coryli L. (p. 221). — Forme typique (à pattes noires) : Orne, bois de Chérencei près L'Hôme!, fin septembre.

Genre **Byctiscus** Thoms.

B. betulae L. (p. 122). — Biol. : C. Dalla Torre in *Boll. di Agricoll.*, II [1890], *separ.* (premiers états).

Obs. — La variété violette (*violaceus* Scop.) a été redécrite par Le Grand (*Mém. Soc. Acad. de l'Aube* [1860], p. 466) sous les noms de var. *Gerosti* et de var. *ricciensis*.

Une variété d'un vert doré fréquente particulièrement le *Salix capraea*; je l'ai trouvée à Compiègne et à Avallon (*L. B.*).

(1) Le genre existe aussi dans le Nord de l'Afrique, où il est représenté par le *N. variicolor* *Ab., d'Algérie, et le *N. scutellatus* *Ab., de Tunisie.

(2) Le travail de Desbrochers (in *Le Frelon*, XVI [1908]) est des plus médiocres et ne mérite pas d'être cité. — (*L. B.*).

Genre **Rhynchites** Schönh.

Observ. : Sharp in *Trans. ent. Soc. Lond.*, [1889], p. 41.

Revision : Schilsky *ap.* Küster, *Käf. Eur.*, XL, [1903]. — Espèces britanniques : Edwards in *Ent. Monthly Mag.*, [1917], p. 22.

R. *giganteus* Kryn. 1832 (p. 223) = **R. versicolor** O. Costa, 1827, *Ins. d'Otranto*, p. 10, tab. 2, fig. 2. — *rectirostris* Gyll. — Mœurs et premiers états : Schreiner in *Zeitschr. f. wiss. Insektenk.* [1909], p. 12-14.

H^te-Marne : Chevillon (Peschet). — Aube : Bucey-en-Othe (G. d'Antessanty; M. Royer!). — Eure : Évreux (H. Portevin).

Découvert dans l'Italie méridionale sur le *Pirus silvatica*; très répandu dans les provinces méridionales de la Russie où il attaque les poires comestibles. Se trouve surtout vers la fin d'avril.

R. *auratus* Scop. (p. 223). — S.-et-O. : La Ferté-Alais!; Lardy (J. Magnin!); Saclas!. — H^te-Marne : commun!!. — Nièvre : Brassy (Méquignon!). — Calv. : forêt de Cinglais (Fauvel). — Eure : Beaumont-le-Roger (Fauvel).

R. *parellinus* Gyll. (p. 224). — Marne : Thuisy, sur le *Thalictrum flavum* L. (Bellevoye).

R. *aequatus* L. ([1]) (p. 224). — Mœurs et métamorphoses : Buddeberg in *Jahrb. Nassau Ver. f. Nat.*, XLI (sep., p. 7). — La larve vit dans les fruits encore verts des *Prunus* (prunier et prunellier) et des *Crataegus*; elle se transforme en terre.

R. *cupreus* L. (p. 225). — Seine : bois de Boulogne, sur des *Crataegus*!!. — S.-et-O. : Parmain, Mériel (J. Magnin). — Oise : Beauvais!!; forêt de Compiègne, en nombre sur *Sorbus aucuparia*!. — S.-et-M. : Barbizon!. — Yonne : Avallon!. — H^te-Marne : Chassigny (Clerc!). — Orne : entre Marchainville et Le Billot, fin septembre!

* **R.** *aethiops* Bach, 1854, *Käferf.*, II, p. 172. — Desbr. in *L'Abeille*, V, p. 330 et 358.

Petite espèce entièrement d'un noir brillant, appartenant au groupe des *Rhynchites* dépourvus de striole scutellaire et ponctués unisérialement sur chaque interstrie.

Coteaux secs et bien exposés; paraît vivre sur l'*Helianthemum vulgare* L. (Stierlin, Hustache, Reitter).

(1) Le nom d'*aequatus* L., 1767, est à préférer à celui de *purpureus*; cf. Schilsky, *loc. cit.*

H^te^-Marne : Rolampont (Peschet!!), un seul individu. — [Côte-d'Or] : Dijon, *sec.* Desbr., *loc. cit.*

Dôle (Hustache); Colmar (Leprieur); Allier : Jenzat (H. du Buysson!!); Isère : Vizille (Dr Guédel!!); Briançon (Abeille); Alpes-Maritimes; Allemagne du Sud, Suisse, Autriche, Hongrie, Russie méridionale; Asie Mineure : Tokat (Delagrange!).

R. coeruleus De Geer (p. 225). — Aussi au Japon, d'après Sharp.

R. minutus Herbst (p. 225). — Il est vraisemblable que l'observation de Perris (*loc. cit.*) s'applique à une autre espèce du même groupe. L'insecte a été signalé comme nuisible aux fraisiers cultivés dans les environs de Paris.

R. pauxillus Germ. (p. 226). — Signalé par Fleischer (*Wien. ent. Zeit.*, [1914], p. 252), comme très nuisible aux Pommiers à Brünn (Moravie).

R. nanus Payk. (p. 227). — Schilsky a créé pour cette espèce et ses proches voisines le sous-genre *Pselaphorrhynchites*.

Les espèces de ce groupe peuvent être séparées à l'aide du tableau suivant, qui remplacera le n° 13 de la page 28 :

13. Tibias antérieurs légèrement sinués avant le sommet et armés, à leur angle apical interne, d'un petit onglet recourbé. — Long. 2,5-3 mm............... **13. tomentosus** Gyllh.

— Tibias antérieurs droits, dépourvus d'onglet terminal interne.
.... 13 *bis.*

13 *bis.* Front, yeux compris, au plus aussi large que le pronotum à son bord antérieur; vertex s'élargissant en arrière des yeux. Striole scutellaire bien tracée et composée d'un assez grand nombre de points. — Long. 2,5-3 mm. — ♂, rostre médiocre; ♀, rostre relativement long et grêle, un peu plus long que la tête et le pronotum réunis..........
.... **12 *bis.* longiceps** Thoms.

— Front, yeux compris, notablement plus large que le pronotum à son bord antérieur; tempes parallèles en arrière des yeux. Striole scutellaire presque toujours rudimentaire ou irrégulière, composée d'un très petit nombre de points. — Long. 2-2,3 mm. — ♂, rostre relativement très court; ♀, rostre médiocre......................... **12. nanus** Payk.

***R. longiceps** Thoms., 1888, *Opusc. ent.*, p. 1203. — V. Hansen, 1918, *Danmarks Fauna*, vol. 22, Snudebiller, p. 311. — Har-

woodi **N. H. Jo·y, 1911, in *Ent. Monthly Mag.*, XLII, p. 270;
J. Edwards, *ibid.*, [1917], p. 26.

Sur les *Betula* et les *Salix*, avec les *R. tomentosus* et *R. nanus* et généralement confondu avec eux.

Oise : environs de Beauvais, juin 1886!!.

Dauphiné (Agnus !!); Suède; Danemark; Grande-Bretagne. — (*J. S. C. D.*)

R. tomentosus Gyllh. (p. 227). — J'ai pris cette espèce à plusieurs reprises sur le *Salix repens* L. dans les parties humides des dunes de Pas-de-Calais (*J. S. C. D.*).

R. olivaceus Gyllh. (p. 227). — Très rare en Normandie, d'où il n'est signalé que de Rouen et des forêts de Cinglais et de Cerisy.

R. pubescens F. (p. 227). — D'après Schilsky, cette espèce doit prendre le nom de *cavifrons* Gyllh. (*pubescens* ‖ Herbst); le vrai *pubescens* Fabr. serait le *parellinus*.

Genre **Deporaüs** Sam. (¹).

Revision : Reitter in *Entom. Nachr.* [1892], p. 306.

D. betulae L. (p. 227). — Mœurs : Iches in *La Nature*, [1902], p. 180, fig.

D. Mannerheimi Humm. (p. 227). — *planipennis* Roelofs; cf. Faust in *Öfv. Finsk. Soc. Förh.*, XXXII, p. 64. — Mai à septembre; plus commun dans les départements de la zone maritime (Boulonnais, Picardie, Normandie). — S.-et-O. : Chaville (Hénon !). — S.-et-M. : Lagny (Hustache). — H^te-Marne : lisières de la forêt du Val !!. — Yonne : Cousin-la-Roche près Avallon !. — Calvados : forêt de Cinglais (Fauvel !); Touques (Sédillot !). — Eure : env. de Bernay (H. Portevin). — Orne : bois de Chérencei près L'Home!. — Pas-de-Calais : forêt d'Hardelot!!. — Aussi au Japon (v. *planipennis* Roel.).

---

(1) Le *D. tristis* F. roule les feuilles des jeunes pieds d'*Acer pseudoplatanus* L., ainsi que j'ai pu le vérifier moi-même aux environs de Giromagny (T^re de Belfort). Il a été observé dans les mêmes conditions par A. de Norguet aux environs de Valenciennes, à peu de distance des limites du bassin de la Seine.

Tribu **OTIORRHYNCHINI** [1].

Genre **Otiorrhynchus** Germ. [2].

Synopsis : Stierlin, *Best. Tab.*, IX, p. 11 [1883]. — Divisions sub-génériques : Reitter in *Wien Ent. Zeit.*, [1912], p. 13 [3].

On a signalé des cas de parthogénèse chez les *O. cribricollis* Gyllh. (cf. G. Grandi in *Boll. Labor. Zool. Portici*, VII [1913], p. 72), chez une espèce orientale, *O. turca* Bohm. (cf. Silantjev in *Zool. Anzeig.*, XXIX, p. 583) et chez l'*O. sulcatus* F. (cf. Feytaud, *Ann. Epiphyties*, V [1918], p. 143). L'extrème rareté des ♂ chez d'autres espèces, notamment *O. ligustici* L. et *O. singularis* L., laisse supposer que le cas doit être assez fréquent dans le genre *Otiorrhynchus*.

O. clavipes Bonsd. (p. 423). — A peu près dans tout le bassin de la Seine. Très nuisible aux pépinières de la banlieue parisienne, où il pullule sur les lilas cultivés qu'il envahit au crépuscule. En 1905, dans les seules pépinières de Vitry-sur-Seine, il a été détruit par les soins du syndicat horticole local 387 kilogrammes d'*O. clavipes,* ce qui représente approximativement quatre millions d'individus !

***O. meridionalis** Gyllh. — Récemment introduit et acclimaté dans la banlieue parisienne. — Auteuil, mai 1915, un individu; Issy-les-Moulineaux, juin 1917, un individu (J. Magnin); Anthony, 1920 (Dr P. Marchal!); Vitry-sur-Seine, avril 1921, en nombre (Estiot!).

Déjà signalé en Bourgogne à Nuits-St-Georges (Estiot !), où il se prend sur le Lilas.

O. morio Fabr. (p. 229). — Espèce à rayer définitivement de la faune du bassin de la Seine.

O. raucus Fabr. (p. 229). — C'est, dans la banlieue de Paris, l'espèce la plus nuisible aux arbres fruitiers.

---

(1) Sur l'usage des fausses mandibules, appendices transitoires qui caractérisent les Curculionides de ce groupe, cf. Lesne in *Bull. Soc. ent. Fr.*, [1899], p. 143. C'est, je crois, Aubé (*Ann. Soc. ent. Fr.*, [1864], p. 324), qui les a mentionnées le premier, et c'est G. Horn qui a mis en lumière leur importance dans la classification. (*L. B.*)

(2) L'usage n'a pas consacré le rétablissement du nom de *Brachyrrhinus* Latr., proposé non sans motifs par Bedel en 1881. (*J. S. C. D.*)

(3) Les tableaux de Stierlin n'ont qu'une valeur assez médiocre. Quant aux coupes subgénériques proposées par Reitter, la plupart d'entre elles chargent la nomenclature sans avantage bien sérieux. (*L. B.*)

O. scabrosus Marsh., 1802 (p. 229) = **rugosostriatus** Goeze, 1777, *Ent. Beytr.*, I, p. 39. (*Curc. n° 37* Geoffroy). — *rugosissimus* Geoffr. ap. Fourcr., 1785.

O. ligneus Ol. (p. 230). — Cette espèce est loin de se trouver dans toute l'Europe. En Allemagne, elle n'existe notamment que dans le chapelet des îles Frisonnes, de Texel à Sylt (*frisius* ** O. Schneid., décrit de Borkum). (*J. S. C D.*)

Obs. — C'est à tort que j'ai réuni jadis au *ligneus* Ol. (p. 229, nota) l'*O. vitellus* Gyllh. Ce dernier est une espèce spéciale à la Provence (cf. Dev. in *L'Abeille*, XXX, p. 196); j'en ai vu le *type* (coll. Chevrolat > Musée de Stockholm) et l'ai comparé avec les individus que j'ai pris aux Martigues (Bouches-du-Rhône). (*L. B.*).

O. lutosus Stierl. (p. 230). — *Sequensi* Reitt.; cf. A. et F. Solari, *Boll. Soc. ent. ital.*, [1898], p. 263. — Coteaux incultes, dans les mousses épaisses à l'ombre des buissons de *Corylus*, *Prunus spinosa*, *Crataegus*, *Juniperus*; juillet à septembre !!. — Aube : côte de Ste-Germaine à Bar-sur-Aube (G. d'Antessanty). — H^te-Marne : Bienville (Peschet); Gudmont !!; Donjeux !!; route d'Auberive à Aujeurres !!. — Genève (Tournier !); Jura : St-Amour (Renaud !!); Autun (Fauconnet !!); Dijon (Rouget !); Croatie : Gospić (Pavel, *types* d'*O. Sequensi*); Alpes Juliennes (Bertolini); Italie centrale, notamment à Subiaco près Rome (Raffray !!) et méridionale : Grottaglie Murgie (Pagan.-Hummler).

O. uncinatus Germ. (p. 230 et 423). — Oise : f. de Chantilly (Ch. Bris.!). — H^te-Marne : Langres (Ch. Royer !!). — Côte-d'Or : Montbard (Gruardet !!). — Aussi en Auvergne et dans les Pyrénées.

O. porcatus Herbst (p. 230). — H^te-Marne : Rolampont (Peschet !!). — Côte-d'Or : vallon de Fontenay près Montbard (Gruardet !!). — Norwège : Bergen (d'après Helliesen); Irlande : comté de Meath (Nicholson); assez répandu dans les parties accidentées de l'Europe centrale, au Sud jusqu'au Vercors.

O. singularis L. (p. 230). — Mœurs et métamorphoses : Curtis, *Farm. Ins.*, p. 383, tab. M.; cf. *Journ. Board. Agric.*, VI, p. 63, fig.

Obs. — Un *O. singularis* a été trouvé par M. de Vauloger à Chellala (département d'Alger); il est très probable qu'il s'agit d'une introduction accidentelle. Aux États-Unis, où l'espèce a été importée d'Angleterre (cf. Packard, *Annual Report of. U. S. Survey for 1875*, p. 757), elle est signalée comme nuisible dans les jardins du Massachusetts.

O. sulcatus L. (p. 230). — Mœurs et métamorphoses : Xambeu in *Le Naturaliste* [1893], p. 58 ; biologie complète : Feytaud, *Ann. des Epiphyties*, V, [1918], p. 143, fig. — Très nuisible aux vignobles dans le Sud-Ouest de la France.

O. rugifrons Gyll. (p. 36 et 230). — Pas-de-Calais : falaises de Wimereux !!. — Le tableau des formes principales, donné page 36, nota, ne peut être maintenu. Il n'existe en réalité que dèux formes : une race maritime et littorale (*rugifrons* Gyllh., *Dillwyni* Steph.) et une race propre aux montagnes de l'Europe centrale et méridionale (v. *impoticus* Bohm.). (*J. S. C. D.*)

O. ovatus L. (p. 231). — Biologie : Treherne in *Proc. Brit. Columbia ent. Soc.*, [1912], p. 41-50.

O. gyrosicollis Bohm. (p. 232). — Continue à se maintenir en quelques points de la banlieue parisienne ; réapparaît en nombre certaines années, mais, semble-t-il, sans étendre son aire de dispersion. — Mont-Valérien (Hénon!, août 1894) ; vallon de Rueil et plateau à l'Est du Mont-Valérien, 22-25 juillet 1906 (Lesne) ; même localité, été 1918 (Honoré) ; 1920-1921 (A. Hoffmann). — D'après ce dernier observateur (*Misc. Entom.*, XXVI, p. 43), la larve attaque les racines de luzerne.

O. cribricollis Gyllh. (p. 232). — S.-et-M. : Pontaut-Combault, juin 1911, un individu (P. Marié).

Genre **Peritelus** Germ.

Synopsis : Stierlin, *Best.-Tab.*, fasc. IX [1883], p. 183.

Reitter (*Wien. ent. Zeitschr.*, [1912], p. 49) retranche du genre *Peritelus* et reporte dans le genre *Otiorrhynchus* les espèces dont les ongles sont libres, c'est-à-dire la section des *Homorrhythmus*, représentée chez nous par l'espèce suivante.

P. hirticornis Herbst (p. 232 et 423). — Pays froids et montueux, surtout dans les forêts de hêtres ; limité dans le bassin de la Seine à la région du Haut-Morvan où il est d'ailleurs assez abondant. — Nièvre : Glux (H. d'Orbigny !!) ; Arleuf, commun !! ; Brassy (Méquignon!).

P. senex Bohm. (p. 233). — Manche : [Granville (Fauvel)].

P. rusticus Bohm. (p. 233). — S.-et-O. : Les Moulineaux (J. de Gaulle) ; sablière entre Saclas et Guillerval ! ; Lardy, août 1893, en nombre !. — Aube : St-Benoît-sur-Vanne (abbé Garnier in coll.

M. Royer!). — Marne : entre Vitry-le-François et Châlons (Méquignon, 1917). — H^te-Marne : Gudmont !!; Thivet !!; Auberive !. —
Somme : Hailles; Vers; Cagny (Carpentier). — Dijon, Allier, Ver-
dun et parties calcaires des Alpes occidentales jusqu'au delà de la
frontière italienne, aux environs de Tende (A. et F. Solari).

P. sphaeroides Germ. (p. 233). — Rare dans la partie maritime,
notamment en Normandie, où il n'est signalé qu'à Bouquelon (Eure),
à Rouen et à Granville. Commun dans la région parisienne et l'Est du
Bassin, et de là jusqu'au Rhin qu'il dépasse en quelques points.

Genre **Caenopsis** Bach.

C. fissirostris Walt. (p. 234 et 423). — Eure : Pont-Audemer
(Degors). — Manche : Rocheville près Bricquebec (Fauvel); avenue du château de Coigny (L. Garreta!).

C. Waltoni Bohem. (p. 234). — Falaises, bois, bruyères; souvent
dans les cantons envahis par les fougères (*Pteris aquilina*) !!. — Eure-
et-Loir : forêt de Senonches!. — Orne : bois de Chérencei près
L'Home!; Bagnoles (Fauvel). — Calvados : répandu et commun. —
Pas-de-Calais : forêt de Boulogne !!; forêt d'Hardelot !!. — Aussi à
Madère (*maderensis* *Pic, 1906), où il pullule actuellement et où il
semble avoir été importé d'Angleterre à une époque assez récente.

Genre **Trachyphloeus** Germ.

Sect. I. — *Cathormiocerus* Schönh.

Revision : S. de Uhagon in *Ann. Soc. Esp. Cienc. Nat.*, XIV [1885],
p. 361.

T. validiscapus Rouget (p. 234). — Cette espèce a été retrouvée
à Lus-la-Croix-Haute (Drôme) par MM. M. de Boissy et Baizet !!.

[*T. socius* Bohem. (p. 234)]. — Espèce à rayer; tout ce qui en
est dit se rapporte au *T. maritimus* Rye.

**T. maritimus* Rye, 1873, *Ent. Monthly Mag.*, X, p. 176. —
W. W. Fowler, *Col. Brit. Isl.*, V, p. 186. — *socius* ‡ Bed., *Faune*,
VI, p. 40 (1).

(1) Le véritable *C. socius* Bohm., Fowl. (*loc. cit.*) se trouve à la fois dans
la Sierra Nevada et à l'île de Wight (G. C. Champion !!, H. Donisthorpe !!). — Il diffère du *T. maritimus* par ses antennes plus longues et
moins épaisses; le 2ᵉ article du funicule, notamment, est obconique, sensi-

Littoral et régions avoisinantes; talus secs et pentes des falaises, entre les racines des plantes basses, notamment du *Thymus serpyllum*!!. — RR.

Calvados : bruyères de Noron près Falaise, découvert par A. Fauvel et retrouvé par M. Portevin en 1899.

Côtes sud-ouest de l'Angleterre; littoral du Finistère (!!) et de la Loire-Inférieure (Ch. Brisout!).

T. myrmecophilus *Seidl. (p. 235). — Eure-et-Loir : Senonches, entre l'étang de Badoulleau et la colonne de Napoléon!, 30 septembre 1903, un individu récemment éclos, pris en fauchant sur un talus, entre les touffes d'ajoncs. — Manche : [Carteret (Fauvel!)].

Irlande (Johnson!!); toute la côte Sud de l'Angleterre, du Sussex aux îles Scilly; toute la région armoricaine; Tarn : Brassac (Gavoy!!); Espagne et Portugal.

Obs. 1. — Cette espèce recherche les talus que fréquentent aussi les fourmis, mais il y a là une simple concomitance et elle n'est nullement myrmécophile. (*L. B.*)

Obs. 2. — Le *T. myrmecophilus* est mieux à sa place dans le groupe des *Cathormiocerus* en raison de son facies et de la sculpture de son pronotum, couvert de points serrés et garni de squamules cupuliformes. (*L. B.*). (¹).

Section II. — *Trachyphlœus* s. str.

T. aristatus Gyllh. (p. 235). — Rare en Normandie : Fresney-le-Puceux et forêt de Cinglais (Fauvel); Rouen (Mocquerys); Bois-l'Abbé près Eu!

blement plus long que large et atténué vers la base; les yeux sont moins saillants et la ponctuation plus faible. J. H. Keys (*Ent. Monthly Mag.*, [1921], p. 100) a donné un tableau et d'excellentes photographies des *Cathormiocerus* britanniques.

Le *C. altiphilus* Ch. Bris., connu seulement de Belle-Isle-en-Mer et du littoral de la Loire-Inférieure, a été retrouvé récemment dans la Cornouailles anglaise (cf. J. H. Keys, *loc. cit.*). (*J. S. C. D.*).

(1) Outre les espèces mentionnées ci-dessus, la faune armoricaine comprend encore les deux suivantes :

C. curvipes Woll. — Morlaix (Hervé!!); Brest !!; Loire-Inférieure (Ch. Bris.!).

C. horrens Seidl. — *Churchevillei* *Desbr. — Finistère : Beg-Meil près Fouesnant (G. Odier!). — Loire-Inférieure : Bouaye, Bouguenais, etc. (Piel de Churcheville, E. de l'Isle!!).

T. bifoveolatus Beck (p. 235). — V. Hansen a décrit récemment du Danemark (*Ent. Meddelelser*, [1915], p. 329) un *T. angustisetulus* très voisin du *bifoveolatus*; les élytres sont plus courts et plus larges, presque parallèles sur les côtés; les soies de la déclivité postérieure, beaucoup plus étroites, offrent leur plus grande largeur non à l'extrémité, mais vers le milieu.

T. spinimanus Germ. (p. 236). — Calv. : Monts d'Eraines (Fauvel).

Tribu **BRACHYDERINI**

Genre **Barypithes** Duv., Seidl.

Exomias Bed. (*pro parte* (¹).

Revision : Formánek in *Münchn. Kol. Zeitschr.*, II, p. 151.

Le tableau qui figure à la page 43 devra être remplacé par le suivant (*J. S. C. D.*) :

ESPÈCES.

(Long. 2,5 — 4,5 mm.)

1. Pubescence des élytres plus ou moins ténue, composée de soies courtes ou très courtes, arquées et couchées en arrière. — ♂, tranche externe des tibias antérieurs à peu près rectiligne, sauf parfois tout à fait à l'extrémité; bord interne des mêmes tibias très légèrement sinué et incurvé vers l'extrémité... 2.

— Pubescence des élytres longue, hérissée, composée de soies droites, très soulevées. — ♂, tranche externe des tibias antérieurs fortement incurvée avant l'extrémité; bord interne des mêmes tibias fortement sinué et échancré avant l'extrémité... 3.

2. Stries des élytres composées de points médiocres, peu serrés. Pubescence extrêmement courte, ténue, souvent caduque .... **1. araneiformis** Schrank.

— Stries des élytres composées de gros points profonds et serrés. Pubescence des élytres bien apparente.. **2. pyrenaeus** Champ.

3. Dimorphisme sexuel à peine sensible; pronotum sensi-

(1) Formánek (*loc. cit.*) a démontré que les *Barypithes* (*sensu* Bed.) ne peuvent être séparés des *Exomias* Bed., et que par suite cette dernière coupe n'a au plus que la valeur d'un sous-genre. (*J. S. C. D.*)

blement plus étroit que les élytres dans les deux sexes. Pubescence des élytres composée de poils de longueur médiocre, atteignant à peu près la largeur d'un interstrie — Long. 2,5-3 mm............................ 3. **trichopterus** Gaut.

— Dimorphisme sexuel accentué. Pubescence des élytres longue et très soulevée, la longueur des poils dépassant de beaucoup la largeur d'un interstrie..................... 4.

4. Yeux assez saillants. Taille moyenne un peu plus forte (3,5-4,5 mm.). — ♂, pronotum sensiblement plus développé que chez la ♀, mais plus étroit que les élytres; fémurs antérieurs assez fortement dilatés. — ♀, élytres en ovale assez allongé..
.... 4. **pellucidus** Bomh.

— Yeux peu saillants. — ♂, pronotum très développé, déprimé en dessus, à peu près de la largeur des élytres; fémurs antérieurs très renflés, difformes, les intermédiaires assez fortement épaissis. — ♀, élytres en ovale assez court.
.... 5. **duplicatus** Keys.

B. araneiformis Schrank (p. 236 et 423). — C'est l' « *Omias ebeninus* » du Catalogue Mocquerys (1er suppl.).

***B. pyrenaeus** Champion, 1897, in *Ent. Monthly Mag.*, XXXIII, p. 214. — *brunnipes* v. *pyrenaeus* Seidl., 1868, *Die Otiorrh.*, p. 73.

Parmi les plantes basses et sous les feuilles mortes des sentiers sous futaie; avril, mai. — R.

Calv. : forêt de Cérisy!; Fresney-le-Puceux; forêt de Cinglais; forêt de Toucques; Mouen (Fauvel).

Sud de la Grande-Bretagne; Mayenne : Lassey (Fauvel); Finistère (Hervé); forêt de Soudrin près Bourges!!; Landes (Mascaraux!!); Tarn : Brassac (Gavoy!!); Pyrénées.

***B. trichopterus** Gaut. in *Ann. Soc. ent. Fr.*, [1863], p. 490. — Formánek, *loc. cit.*, p. 165. — *violatus* Seidl., *l. c.*, pp. 64 et 70.

Dans les mousses en lisière des bois, surtout sur les coteaux. — R.

Haute-Marne : Gudmont!!

Strasbourg (Wencker!!); Mayence, Wiesbaden, Thuringe (teste Formánek).

B. pellucidus Bohm. — J. H. Keys in *Ent. Monthly Mag.*, [1911], p. 168, fig. 1. — Vit d'après Jennings (*Ent. M. Mag.*, [1915], p. 168) sur le *Ranunculus bulbosus* L. — Aussi en Angleterre, dans le Danemark et dans le S. W. de la Norwège (Helliesen).

B. duplicatus* J. H. Keys, *l. c.*, p. 168, fig. 2. — *pellucidus* Seidl. (*pars*).

Terrains boisés, dans les mousses ou parmi les plantes basses.

Manche : [Mortain (O. Pasquet!!)].

Comté de Kent : Blean Woods (*types!!*); Rennes (Bleuse!!); Finistère!!; Loire-Inférieure!!; environs de Limoges (L. Bleuse!!). — Remplace le *pellucidus* dans la région armoricaine.

Genre **Mylacus** Schönh., 1840.

Le genre *Mylacus*, voisin d'aspect des *Omias* et des *Exomias*, a cependant les scrobes supérieurs, comme les *Brachyrrhinini*, et non latéraux comme les *Brachyderini*. Le 1er article de la massue antennaire est à peine plus long que le 2e; les ongles sont connés. Les yeux sont peu saillants; la pubescence du pronotum est dirigée transversalement; les élytres sont ovalaires, sans calus huméral saillant; les fémurs sont obtusément dentés. Le *M. rotundatus* F. est un petit insecte d'un brun plus ou moins foncé, long de 2,5 à 3 mm., à pubescence fine et couchée.

***M. rotundatus** Fabr., 1792, *Ent. Syst.*, I, pars 2, p. 473. — Seidl., *Die Otiorrh.* s. str., p. 16. — ? *ovatus* Ol.

Dans la mousse et le gazon au pied des arbres. — *RR.*

Aisne : Condé-sur-Aisne (G. de Buffévent!!), 2 individus. — Marne : Pévy (Bellevoye).

France orientale, Haute-Italie, l'Europe centrale, Russie, Caucase.

Genre **Foucartia** Duv.

F. Cremierei Duv. (p. 237). — Coteaux calcaires chauds; abondant par places sur les plantes basses, principalement vers le coucher du soleil; sa présence coïnciderait, d'après les observations de H. du Buysson, avec celles du *Poterium muricatum* Spach, d'après les miennes propres, avec celle de l'*Hippocrepis comosa* L.!!. — Marne ([1]) : Rilly-la-Montagne (Ch. Demaison!). — Aube : Bar-sur-Aube, sur les premières pentes de la montagne Ste-Germaine, très abondant en juillet 1914!

Bois de Faitin près Bourges, pris une fois en nombre!!; Allier (H. du Buysson!!); Maine-et-Loire : Meigné, abondant (Dr Bailliot!!); Carcassonne (Gavoy!!).

(1) C'est probablement le « *F. squamulata* » indiqué de Trigny (Marne) par Lajoye (*Cat. Col. de Reims*, 2e éd., p. 149). — Je ne connais pas de capture authentique en France de cette dernière espèce, propre à l'Europe centrale, et qui remonte au Nord jusqu'aux îles suédoises d'Œland et de Gottland. (*J. S. C. D.*)

Genre **Strophosomus** Steph.

Synopsis : Flach, *Best.-Tab.*, LXII [1907].

S. coryli Fabr., 1775 (p. 237) = **S. melanogrammus** Forst., 1771 (cf. Bed. in *L'Abeille*, XXVIII, p. 9). — Chez cette espèce, la parthénogénèse doit être fréquente, sans être cependant une règle absolue. Le Dr Flach affirme avoir examiné plus de 500 individus sans découvrir un seul ♂; de même D. Sharp (*Ent. M. Mag.*, [1918], p. 154) en a disséqué une centaine qui se sont trouvés tous être des ♀. Cependant Bohutinsky (cité par R. Kleine, *Ent. Blätt.* [1911], p. 183), qui a élevé l'espèce en captivité pour étudier ses dégâts, a observé de nombreux accouplements. A l'état adulte, c'est-à-dire au printemps et à l'automne, le *S. melanogrammus* est susceptible de causer de réels dégâts aux pépinières et aux reboisements en rongeant les jeunes pousses; il n'en est pas de même à l'état larvaire, car Bohutinsky a observé qu'il s'attaque surtout aux racines des plantes basses du sous-bois.

S. erinaceus Chevr. (p. 238). — Sur diverses espèces de Chênes!. — Eure-et-Loir : Maintenon, bois derrière la station, un individu!. — Calv. : Carville; Noron près Bayeux; La Hoguette (Fauvel). — Disséminé sur divers points de l'Europe occidentale depuis la Normandie (y compris Jersey) et la Bretagne jusqu'aux Cévennes méridionales et à la Sierra de Guadarrama!. — Flach (l. c.) lui rapporte un *S. Flachi* Stierl. décrit du Tessin et dont la provenance mériterait confirmation.

S. curvipes Thom., 1865 (p. 238) = **S. fulvicornis** Steph., 1831 (*teste* Flach). — Angleterre : Bournemouth (D. Sharp); île de Sylt (C. Stock!!); Campine belge (Frennet).

S. rufipes Steph. (p. 238). — Flach réunit en une seule espèce les *S. rufipes* Steph. et *capitatus* Deg. (*obesus* Marsh.).

S. lateralis Payk. (p. 239). — S.-et-O. : bois de Fausses-Reposes (A. Dubois); plateau de l'Ardenay près La Ferté-Alais!. — Eure : forêt d'Évreux (H. Portevin). — Orne : lande de Ganne près L'Home!. — Calv. : Mouen (Fauvel). — P.-de-C. : Berck-sur-Mer (Destréez).

S. faber Herbst (p. 239). — Biol. : Urban in *Ent. Blätt.*, [1913], p. 60, tab. (fig. a-f). — Larve à la racine des Graminées (Perris, Urban).

Genre **Strophomorphus** Seidl.

Revision : Reitter in *Deutsche ent. Zeitschr.*, [1895], p. 305.

S. porcellus Schönh. (p. 239). — Oise : Monchy-St-Eloi (Méquignon!). — S.-et-M. : Barbizon (Marmottan). — Côte-d'Or : Montbard (Gruardet!!). — Eure : Les Oriots près Fontaine-sous-Jouy
(H. Portevin).

Genre **Brachyderes** Schönh.

Revision : Flach in *Wien. ent. Zeitschr.*, [1907], p. 41 à 50.

B. incanus L. (p. 240). — Mœurs : A. Jacobi in *Naturw. Zeitschr.
Land und Forstw.*, [1904], p. 353. — S.-et-O. : Plaisir-Grignon (Léveillé!); forêt de Rambouillet (Dongé). — S.-et-M. : Nemours,
abondant en octobre!. — Marne : Ste-Menehould!.

Genre **Eusomus** Germ.

Revision : Desbrochers in *Le Frelon*, [1904], p. 119.

E. ovulum Germ. (p. 240). — Il n'est pas exact que cet insecte
soit partout commun dans le bassin de la Seine, comme l'indique la
Faune. Il fait notamment défaut dans toute la partie maritime : Boulonnais, Picardie, Normandie, etc. En Europe, il paraît originaire de
la faune des steppes et exclusivement continental. (*J. S. C. D.*)

Tribu **PHYLLOBINI**.

Genre **Liophloeus** Germ. ([1]).

Revision : Weise in *Deutsche ent. Zeitschr.* [1894], p. 257.

L. tessellatus Müll. (p. 240). — *pulverulentus* *Bohm. ([2]). —
C'est à la forme la plus répandue dans le bassin parisien, c'est-à-dire
sans saillie notable des épaules, que se rapporte le *type* même du
L. pulverulentus Bohm., qui provient de Paris et figure encore dans
la collection Aubé > Société entomologique de France! (*L. B.*).

La forme à épaules saillantes (*cyanescens* Fairm.) a été prise à Boulogne-sur-Mer!!, à Pont-Audemer (Degors!) et en divers autres

(1) La faune française comprend une seconde espèce, apparentée aux
Liophloeus des Alpes Orientales et des Carpathes (*lentus* Germ., *Schmidti*
Bohm., etc.); je n'en connais encore qu'un seul individu provenant du
Villars-de-Lans (Isère) (*J. S. C. D.*).

(2) Et non Gyll., comme je l'ai inscrit par erreur (p. 241). — (*L. B.*)

points de la Normandie. C'est elle que j'ai trouvée en nombre sur les grandes feuilles radicales d'*Heracleum* en Auvergne et dans les Pyrénées; la même observation a été faite en Angleterre par Jennings (*Ent. M. Mag.*, [1915], p. 168). (*J. S. C. D.*)

Genre **Polydrosus** Germ.

P. mollis Stroem (p. 241). — Assez répandu dans tout le bassin de la Seine.

P. sparsus Gyllh. (p. 242). — Cette espèce persiste jusqu'en automne; c'est le seul *Polydrosus* qui soit dans ce cas. — Commun surtout en Normandie.

P. confluens Steph. (p. 242). — Commun dans la région maritime, le bassin tertiaire parisien et le Morvan; rare sur la craie blanche et le jurassique où ses plantes nourricières n'apparaissent qu'exceptionnellement. Éclôt dans les premiers jours de juin et dure jusqu'au mois d'août.

P. chrysomela Ol. (p. 243). — Biol. (larve et nymphe) : Houlbert in *Insecta*, II [1912], p. 249, fig. 1-7. — Prairies maritimes et vases salées; larve au pied des touffes de *Festuca arenaria* sur les talus de tangue (R. Oberthür d'après Houlbert); souvent sur le *Plantago maritima* et les Salsolacées. — Pas-de-Calais : Ambleteuse, embouchure de la Slack!!. — Calv. : embouchures de l'Orne et de la Vire (Fauvel). — [Manche : havres de Carteret et de Portbail (Fauvel); Moidrey (R. Oberthür).]. — Aussi en Hollande (Everts) et dans toute l'Europe occidentale, de l'Angleterre au Portugal.

P. planifrons Gyll., 1834 (p. 243) = **prasinus** Ol., 1790, in *Encycl. méth.*, V, p. 550 ([1]). — Commun surtout vers l'Ouest du Bassin de la Seine; capturé en très grand nombre dans les dunes du Pas-de-Calais, sur le *Salix repens*!!

P. impressifrons Gyllh. (p. 243). — Aussi en Espagne (G.-C. Champion) et en Algérie!. — Importé dans les États de New-York et d'Ontario, où il a été signalé comme nuisible aux peupliers; la larve a été décrite par Pierce (*Journ. Econom. Entom.*, IX [1916], p. 421-431, fig. 29-29).

P. coruscus Germ. (p. 244). — S.-Inf. : Elbeuf (Levoiturier). — Haute-Marne : bords de la Marne, une fois en grand nombre!!.

(1) **Synonymie** certaine et d'ailleurs actuellement admise par tous les auteurs. — Il existe un *P. prasinus* ‖ Reitt., du Talysch, qui fait double emploi. (*L. B.*)

***P. impar** Des Gozis, 1882 in *Rev. d'Ent.*, I, p. 107. — *mollis*
‡ Germ. (non Stroem), 1824, *Ins. sp. novae*, p. 456.

Récemment acclimaté dans les plantations de conifères (pin sylvestre,
épicéa); avril, mai.

S.-et-O. : forêt de Rambouillet (J. Clermont, 1903). — S.-et-M. :
forêt de Fontainebleau (A. Bonnaire, à partir de 1897). — Marne :
Ambrières, 1904!!. — H^{te}-Marne : commun dès 1903 dans toutes les
plantations de conifères!!.

France orientale (Vosges, Jura, Alpes); Europe centrale.

Genre **Phyllobius** Germ.

Obs. : Schilsky, *Käf. Eur.*, XLV [1908] et XLVII [1911].

A l'état de larves, les *Phyllobius* vivent très probablement à la
racine des plantes basses; à l'état adulte, ils se tiennent sur les arbres,
auxquels ils causent parfois des dégâts sensibles. Urban (*Ent. Bl.*,
[1913], p. 59; [1914], p. 27) a observé l'accouplement et la ponte de
deux *Phyllobius* et décrit les larves jeunes, mais sans avoir pu suivre
tout leur développement.

P. oblongus L. (p. 245). — Dans la majeure partie du bassin de la
Seine, cette espèce a la tête et le pronotum noirs avec les élytres
fauves, ces derniers exceptionnellement noirs (v. *biformis* Reitt.);
dans le Boulonnais elle est représentée par une race très constante
d'un brun ferrugineux unicolore.

P. calcaratus Fabr. (p. 245). — Le type de Fabricius est la forme
chez laquelle les squamules dorsales font totalement défaut dès l'éclosion; c'est celle qui a été décrite depuis sous le nom de var. *nudus*
Westh. (cf. Schilsky in *D. ent. Zeitschr.*, [1908], p. 718); elle est
rare en France et je ne l'ai trouvée que dans la forêt de Compiègne.
La forme squamulée, qui est de beaucoup la plus fréquente, devra
prendre le nom de var. *alneti* Fabr. (*caesius* *Marsh.). (L. B.). —
J. Edwards (*Ent. M. Mag.*, [1918], p. 105) est revenu sur la même
question; de ses observations il résulte que les mutations par transformation partielle (*maculatus* Edw.) ou totale (*calcaratus* s. str.) de
la squamulation en pubescence rase ne concernent que le sexe ♀.
(J. S. C. D.)

P. maculicornis Germ., 1824 (voir p. 54 et 423). — Calv. : Carville (Fauvel).

P. argentatus L. (p. 246). — Parfois nuisible aux arbres fruitiers,
notamment aux poiriers (Estiot).

P. pomonae Ol. et *viride-aeris* Laich. (p. 246). — La synonymie de ces deux petites espèces, qui constituent le sous-genre *Subphyl-
lobius* Schilsky, n'est pas exacte; elle doit s'établir ainsi qu'il suit
(L. B.) :

1. *viride-aeris* Laich., 1781.
   Pomonae Ol., 1807, type : env. de Paris.
   uniformis Marsh., 1802.
2. *roboretanus* Gredl., 1863 (1).
   viride-aeris ‡ auct. (non Laich.).
   parvulus ‡ Ol. (non Fabr.). — Schilsky, 1911.
   uniformis ‡ pler. auct. (non Marsh.).

P. sinuatus Fabr. (p. 246). — S.-et-O. : Valmoudois, bords de
l'Oise (J. Magnin!). — Oise : Compiègne, bords de l'Oise (Ch. Martin!). — Yonne : plateau d'Avallon, abondant par places sur les haies
de *Crataegus*, en juin!. — Marne : Ay!. — Pas-de-Calais : Echinghem
près Boulogne-sur-Mer, sur les Saules!!.

Genre **Philopedon** Steph.

P. plagiatum Schall. — Confiné dans les dunes du littoral et dans
les affleurements de sables tertiaires (Compiègne, Fontainebleau, etc.).
— Aussi sur la côte française de la Méditerranée et en Corse.

Genre **Atactogenus** Tourn.

A. exaratum Marsh. (p. 247). — S.-et-O. : Gif (J. Magnin!). —
Yonne : Villers-St-Benoit (Loriferne). — Calv. : nombreuses localités (Fauvel). — Pas-de-Calais : Boulogne-sur-Mer!!.

Genre **Chlorophanus** Sahlb.

C. viridis L. (p. 247). — Clairières et lisières des bois humides,
sur les feuilles des Saules (*Salix caprea*!, *S. triandra*!). — S.-et-O. :
Écouen (E. Boudier!); Monsoult (J. Magnin!); Presles (J. Cler-
mont). — Oise : f. de Carnelle (Léveillé!); Rethondes!. — Aisne :
La Ferté-Milon (Dr H. Martin!); Soissons (G. de Buffévent!);
Braisne (Scalabre). — Marne : Ay, bords de la Marne; Avize (Ch.
Demaison). — Ardennes : Laifour; Rethel (Cat. Lajoye). — S.-

---

(1) De *Roboretum*, nom latin de la ville de Roveredo, voisine de la rési-
dence de Gredler.

Inf^re : forêt d'Eawy (Sédillot!); forêt d'Eu!. — Calv. : St-Aubin-des-Bois, Vire; Falaise (de Brébisson); Caen (Fauvel). — Le genre *Chlorophanus* manque dans les Iles-Britanniques; il remonte au Nord jusqu'au Danemark et aux États Baltiques, mais paraît faire défaut en Finlande et en Scandinavie, malgré l'indication de Seidlitz (*Fauna Baltica*, II° éd., p. 594). (*J. S. C. D.*).

Tribu TANYMECINI.

Genre **Tanymecus** Schönh.

T. palliatus Fabr. — Surtout sur les *Cirsium*!

Tribu BARYNOTINI.

Genre **Barynotus** Germ.

Revision : Desbr. in *Le Frelon*, I, p. 96, et XVII, p. 46.

B. elevatus Marsh. (p. 248). — S.-et-O. : forêt de Carnelle (J. Magnin). — Oise : Hermes (E. Dongé!). — Aisne : Chierry près Château-Thierry!. — Meuse : bois du Valtiérémont près Ancerville!!. — H^te-Marne : Thivet!!; Gudmont!!, mousses des combes tournées vers le Nord. — Yonne : Sens (Loriferne). — Eure : Bernay (Fauvel). — S.-Inf^re : falaise de Bléville près Le Havre (id.). — Calv. : nombreuses localités (id.).

Tribu SYNIRMINI.

Genre **Synirmus** Bed.

(*Tropiphorus* Schönh. (*nom. praeocc.*)

Revision : Fauvel in *Rev. d'Ent.*, VII [1888], p. 161; Reitter in *Wien. ent. Zeitschr.* [1904], p. 203.

S. carinatus Müll. (p. 249). — En réalité commun dans tout le bassin de la Seine.

Tribu ALOPHINI.

Genre **Alophus** Schönh.

Revision : Reitter in *Wien. ent. Zeitschr.*, [1901], p. 207.

A. triguttatus Fabr. — Vit sur *Plantago lanceolata* d'après Jennings (*Ent. Monthly Mag.*, [1915], p. 167), sur *Symphytum officinale* d'après Dudich (*Ent. Blätt.*, [1914], p. 62); peut-être polyphage.

Genre **Rhytidoderes** Schönh.

Les élytres des *Rhytidoderes* présentent le long de leur bord inféro-externe une bande longitudinale plane, couverte de stries transversales, qui fait peut-être partie d'un appareil de stridulation.

R. plicatus Ol. (p. 249). — Rare dans la région maritime du bassin, où il paraît localisé dans les dunes et dans les basses vallées de la Somme, de la Seine et de l'Eure.

Tribu **SITONINI**.

Genre **Sitona** Germ.

Synopsis : Reitter, *Best.-Tab.*, LII [1903]; Desbr. in *Le Frelon*, XVII, p. 1-31 ([1]). — Biol. : Bargagli in *Boll. Soc. ent. Ital.* [1904], p. 8 et 9.

*S. **intermedius** Küst., 1842, *Käf. Eur.*, IX, 16. — Reitt., l. c. — *vestitus* ‡ All. in *Ann. Soc. ent. Fr.*, [1864], p. 339.

Terrains secs, coteaux bien exposés; sous les tiges d'*Hippocrepis comosa*!; peut-être aussi sur *Coronilla varia* (R. Kleine); surtout l'automne. — R.

S.-et-O. : Saclas!. — Hte-Marne : Gudmont!!. — Côte-d'Or : Montbard!.

France centrale et méridionale; Corse; Allemagne occidentale; Dalmatie; Malte; Algérie!.

Obs. — Espèce très voisine du *S. griseus* Fabr.; elle s'en distingue avec certitude par la petite ligne longitudinale élevée située en avant du sillon médian du rostre et par l'intervalle situé en avant des cavités cotyloïdes antérieures, lesquelles n'atteignent pas le trait gravé transversal qui précède, en dessous, le bord antérieur du thorax. En outre la forme générale est plus svelte et le dessin dorsal ordinairement un peu différent; la bande médiane du pronotum est plus nette et celle de la suture est flanquée de traits noirs sur le 3ᵉ interstrie ([2]).

S. gemellatus Gyll. (p. 250). — Surtout l'automne. — S.-et-O. : Gif (J. Magnin!); Saclas!; — S.-et-M. : Barbizon!. — Aube : Lusi-

----

(1) Travail très médiocre (*L. B.*).

(2) Une autre espèce méridionale du même groupe, *S. gressorius* Fabr., a été signalée en Belgique et en Hollande par Everts (*Deutsche ent. Zeitschr.*, [1907], p. 375).

gny (Lanaige!). — Eure : Cocherel (Portevin). — Calv. : Mouen;
Sᵗ-Julien-en-Calonne (Fauvel).

S. Waterhousei Walt. (p. 251). — S.-et-O. : Meudon (J. Ma-
gnin!); forêt de Marly (A. Dubois); Vélizy; étang de Trappes
(G. Odier); forêt de Sᵗ-Germain (Ch. Brisout!). — S.-et-M. : Pon-
tault (P. Marié!). — Eure-et-Loir : forêt de Senonches!. — Eure :
Cailly-sur-Eure!. — Oise : Thury (F. de Vuillefroy!); Cinqueux
(Méquignon). — Marne : forêt de Germaine!. — Hᵗᵉ-Marne : Sᵗ-
Dizier!!. — Calv. : Caen; Fresnay-le-Puceux (Fauvel).

S. tibialis Herbst (p. 251). — A côté de la race normale qui vit
sur les *Sarothamnus scoparius* et *Ulex europaeus*, existent des races
naines qui vivent sur les *Genista tinctoria* et *sagittalis*!!. Ces dernières
représentent seules l'espèce sur les affleurements calcaires.

Je ne crois pas que le *S. tibialis*, pas plus qu'aucune espèce des
Génistées, existe dans le Nord de l'Europe. Le *S. tibialis* décrit par
Thomson (*Skand. Col.*, VII, p. 100) paraît être le *lineellus* Bonsd. (¹)
(*J. S. C. D.*).

S. hispidulus F. (p. 252). — Biol. (mœurs et métam.) : Wilder-
muth in *U. S. Dep. Agr.*, Washington [1910], Bull. n° 85, pars 3
(fig.).

S. humeralis Steph. (p. 252). — Biol. (larve et nymphe) :
G. Grandi in *Boll. Labor. Zool. Portici*, VII [1913], p. 93-100 (fig.).

S. cylindricollis Fåhrs. (p. 252). — S. et S.-et-O. : Bicêtre!;
Bobigny!; Saclas!. — Yonne : Avallon!. — Hᵗᵉ-Marne : Sᵗ-Dizier!!;
Wassy!!. — P.-de-Cal. : Berck-sur-Mer (Destréez).

S. suturalis Steph. (p. 253), — Oise : Rethondes!. — Aisne :
Soissons (G. de Buffévent). — Marne : station de Germaine, abondant!. — Aube : Bar-sur-Aube!. — Côte-d'Or : Montbard!. — Calv. :
pas rare dans les herbages. — Pas-de-Calais : Berck-sur-Mer (Destréez); Marles-sur-Canche!!; Saint-Martin-les-Boulogne (Méquignon).

S. ononidis Sharp. (p. 253). — Eure : Cocherel (H. Portevin).
— Pas-de-Calais : Berck-sur-Mer (Destréez).

Obs. — Espèce propre à l'Europe occidentale et réunie à tort au
S. suturalis Steph.

---

(1) Le *S. lineellus* Bonsd., peu connu en France, n'est pas rare au Pic de
Sancy (Puy-de-Dôme) au pied des touffes de *Trifolium alpinum*. J'en ai
pris un individu (peut-être égaré?) dans la forêt de Soudrin, à 20 kil. au
sud de Bourges (*J. S. C. D.*).

S. sulcifrons Thunb. (p. 254). — Une race de cette espèce se trouve régulièrement et en grand nombre sur le *Trifolium medium* (Aube!; Marne!, H^te^-Marne!!, Doubs!!) ([1]).

Tribu **GRONOPINI**.

Genre **Gronops** Schönh.

G. lunatus Fabr. (p. 254). — Cet insecte paraît faire défaut sur les affleurements calcaires du bassin de la Seine.

Tribu **HYPERINI**.

Genre **Hypera** Germ.

Monogr. : K. Petri in *Siebenb. Ver. Naturv.*, [1901], et *Best.-Tab.*, XLIV [1901].

H. intermedia Bohm. (p. 254). — Marne : Oiry, inondations de la Marne (Harez!). — H^te^-Marne : Eurville, inondations de la Marne (Peschet); [Chassigny (Ch. Clerc!)].

Obs. — C'est le « *Phytonomus palumbarius* » indiqué d'Alfort (Seine) par Reiche (*Ann. Soc. ent. Fr.*, [1851], Bull., p. 33).

H. globosa Fairm. (p. 255). — Aussi dans l'Aveyron à St-Affrique (E. Rabaud!).

H. punctata Fabr., 1775 (p. 255) = [Zoïlus Scop., 1763, *Ent. Carn.*, p. 33, fig. 103; — cf. Bed. in *L'Abeille*, XXXI, p. 120. — Cette espèce se répand de plus en plus dans les cultures de trèfle de l'Amérique du Nord, où elle est beaucoup plus nuisible qu'en Europe. — Cf. E. G. Titus in *Ann. ent. Soc. Amer.*, IV [1911], n° 4.

H. vidua Géné (p. 256). — Cette magnifique et très rare espèce a été retrouvée dans le département du Doubs, à Cuisance, près Baume-les-Dames (coll. H. du Buysson!).

H. fasciculata Herbst (p. 256). — Il est faux que cette espèce vive sur diverses espèces de *Daucus*, comme le prétend Petri (*Monogr. Hyper.*, p. 122); elle est spéciale aux Géraniacées et particulièrement au genre *Erodium*!!.

H. arundinis Payk. (p. 256). — Mœurs : Weise in *Deutsche ent. Zeitschrift*, [1901], p. 85. — Trouvé dans le département du Nord, à

([1]) J'ai capturé en juillet 1909, sur le coteau dominant la gare de Sorcy (Meuse), un individu unique d'un *Sitona* que je ne puis rapporter qu'au *S. languidus* Gyll., non encore signalé en France. (*J. S. C. D.*)

Valenciennes (Marmottan) et à Lille (Lethierry, 1867, d'après A. de Norguet).

H. rumicis L. (p. 256). — Biol. : Weise, l. c. — D'après Decaux (*Journ. Soc. Agr. Fr.*, [1896], décembre), la larve de l'*H. rumicis* a pour parasite un Chalcidide, *Eulophus ramicornis* F., lequel est lui-même parasité par un petit Ichneumonide du genre *Pezomachus* Grav.; ce dernier établit un cocon libre dans le cocon de l'*Hypera*.

H. alternans Steph. (p. 257). — S.-et-O. : étang du Trou-Salé près Buc (A. Dubois). — S.-et-M. : Crouy-sur-Ourcq (Desbordes!). — Marne : Taissy; Germaine (Lajoye). — Calv. : Fresney-le-Puceux; Troarn (Fauvel). — Pas-de-Calais : Berck-sur-Mer (Destréez!).

Obs. — Petri (*Monogr. Hyper.*, p. 126) considère avec beaucoup de vraisemblance l'*H. alternans* comme une simple variété de l'*H. adspersa* F.

H. arator L. (p. 257). — Vit sur un grand nombre de Caryophyllées, notamment (outre les plantes énumérées p. 257) l'OEillet cultivé (Boisduval), le *Mœnchia erecta* Gärtn. et surtout le *Lychnis flos-cuculi* !!.

H. viciae Gyllh. (p. 258). — Vit sur *Vicia tenuifolia* Roth.; éclôt fin juillet et persiste jusqu'en mai et juin !. — S.-et-O. : Rocquencourt (A. Seyrig !!). — S.-et-M. : Pontault (P. Marié !). — Aube : côte Ste-Germaine à Bar-sur-Aube!. — Hte-Marne : [Chassigny (Ch. Clerc !)]. — Côte-d'Or : bois de Montbard !. — Yonne : Avallon!

H. elongata Payk. (p. 258). — Espèce boréale très rare en France; j'en ai pris un individu au sommet du Puy-de-Dôme, lors de l'excursion collective de la Société entomologique de France en juillet 1914. (*J. S. C. D.*).

H. murina Fabr. (p. 259). — Peu commun, mais plus fréquent au nord de Paris que dans les environs immédiats. Existe actuellement en Algérie, confiné dans les oasis où il a dû être importé d'Europe.

H. variabilis Herbst (p. 259). — *postica* Gyllh., 1813. — F.-M. Webster in *U. S. Dept. Agr., Ent.* [1912], Bull. nº 112, fig. — Cette espèce, introduite aux États-Unis à une époque antérieure à 1906, y cause de grands ravages dans les champs de luzerne (*Medicago*); elle attaque également les trèfles et quelques autres genres de Papilionacées.

H. plantaginis Deg. (p. 259). — Il est actuellement bien établi que

la plante nourricière de cette espèce est une Légumineuse du genre
Lotus !, et qu'elle ne vit aucunement sur les *Plantago*. Cependant
l'observation de Degeer, qui dit avoir trouvé le cocon du *plantaginis* sur un Plantain, est certainement véridique. Les larves d'*Hypera*,
au moment de se transformer, abandonnent souvent leur végétal nourricier et vont construire leur cocon sur une plante quelconque avoi-
sinante. Le fait a été notamment observé par Gourceau (*Ann. Soc.
ent. Fr.*, [1856], Bull., p. 18).

H. pastinacae var. *tigrina* Fabr. (p. 260). — Biol. : A. Giard in
Bull. Soc. ent. Fr., [1901], p. 232. — Parfois nuisible aux Carottes
cultivées (*Daucus carota*) conservées comme porte-graines (A. Giard,
loc. cit.); le même auteur signale qu'une ♀ a pondu 32 œufs quatre
jours après son éclosion et sans avoir été fécondée.

H. maculipennis Fairm. (p. 260). — Aussi dans la Drôme : Nyons
(Ravoux !).

H. nigrirostris Fabr. (p. 260). — Biol. : R. M. Webster in *U.
S. A. Dept. Agr.*, Entom., [1911], Bull. 85, fig. 1-8. — *viridis* Prov.,
1877. — Acclimaté dans l'Amérique du Nord où il est signalé comme
nuisible aux cultures de trèfles.

***H. ononidis** Chevr., 1863, ap. Grenier., *Mat. Fn. Fr.*, p. 105.
— Reitter, *Fn. Germ.*, V, p. 106.

Sur divers *Ononis*, notamment *O. repens* !!, *natrix* !!, etc.
S.-et-O. : Saclas !; Etrechy !!. — Meuse : [Sorcy !!].

Ouest et midi de la France, surtout sur les côtes sablonneuses !!;
Europe méridionale, Algérie.

Les deux espèces qui précèdent peuvent être séparées à l'aide du
tableau suivant :

Pronotum très transversal, très arrondi sur les côtés qui sont hé-
    rissés de soies dressées; téguments d'un brun plus ou moins
    roussâtre; squamules dorsales d'un gris blanchâtre. — Long.
    4-5 mm.................................... **ononidis** Chevr.

Pronotum pas plus large que long, dépourvu de soies sur les
    côtés, sauf aux angles antérieurs; téguments normalement
    foncés; squamules dorsales en général d'un vert gai. —
    Long. 3-4 mm..................... **nigrirostris** Fabr.

H. (Limobius) borealis Payk. (p. 261). — Surtout dans les bois
clairsemés, sur les *Geranium molle!* et *sanguineum!*; [observé en
Provence sur un *Erodium*]. — On trouve aux environs de Paris, au

moi de mai, des individus fraîchement éclos et d'autres qui paraissent avoir hiverné.

H. (*Limobius*) *mixta* Bohem. (p. 261). — Seine : Bois-Colombes (Magnin). — S.-et-O. : Lardy (id.!); La Ferté-Alais!. — Oise : Coye!; Vieux Moulin!; Thury (Vuillefroy!). — Aisne : Samoussy (G. de Buffévent!). — Marne : Muizon; Thuisy (Lajoye). — Calv. : dunes de Merville (Fauvel). — Pas-de-Calais : dunes de Wimereux (Ph. François!) et de Condette!!.

Tribu **LIXINI**.

Genre **Mecaspis** Schönh.

M. nigro-suturatus Goeze (p. 261). — S. et S.-et-O. : Passy, dans les terrains vagues aujourd'hui bâtis (Dr Marmottan); Versailles (Ph. Boudier!, 1827); Ris-Orangis (Estiot); Taverny (G. de Buffévent). — Aube : Villadin près Romilly-sur-Seine; Savières (Dr M. Royer!). — Marne : Tinqueux (Lajoye); plaine de Reims (Ch. Demaison); Châlons-sur-Vesle (Hureaux!). — H^{te}-Marne : Chaumont (Ch. Clerc!). — Ardennes : Aussonce (abbé Hénon).

[*M. crinipes* Fåhrs. (p. 262)]. — Rayer cette espèce, qui n'appartient pas à la faune du bassin de la Seine ni même peut-être à celle de l'Europe. Son aire de dispersion comprend les pays situés à l'Est et au Sud de la Méditerranée : Chypre, Syrie, Égypte, Tunisie, Algérie. L'insecte indiqué sous ce nom p. 262 appartient à l'espèce suivante :

M. cicatricosus* Hoppe, 1795, *Enum. Ins. Erlangen*, p. 61. — *ericae Fåhrs, 1842. — *callosus* Bach., 1856. — *orcifer** Chevr., 1874. — *crinipes* Bed. ‡ (pars, olim). — S.-et-O. : Saclas!. — Aisne : Laon (Dollé!!). — Marne : Sermaize-les-Bains (Warnier!).

Obs. — Ressemble extrêmement au M. *crinipes* Fåhrs, et s'en distingue par sa forme moins allongée et par ses patttes peu hérissées de petits crins.

M. nebulosus L. (p. 262). — *ericeti** L. Duf., 1843. — S.-et-O. : bruyères de la Croix-Blanche près Montmorency (E. Boudier!). — Aisne : Fauconcourt près Anisy-le-Château (J.-H. Lépine in coll. H. du Buysson). — Eure : Pont-de-l'Arche (Dongé!). — Seine-Inf. : Sotteville (Duchaussois!). — Orne : La Trappe (Fauvel).

M. glaucus Fabr. (p. 263). — Oise : plaine de Vieux-Moulin, dans la forêt de Compiègne!. — Marne : Fère-en-Tardenois (Ch. Demaison). — Eure : forêt de l'Arche (L. Dupont). — Orne : [La Cochetière près Longny (E. Cordier!)].

M. Momus Scop., 1763 (p. 263) = **pedestris** Poda, 1761, *Ins. Mus. Graec.*, p. 30. — Mœurs inconnues. — S.-et-O.: La Ferté-Alais!; Saclas!. — Eure-et-Loir : Dreux (H. Ph. Boudier!). — Marne : Cernay-lez-Reims; Berru; camp de Châlons; Moronvilliers (Ch. Demaison). — Hᵗᵉ-Marne : Rolampont (Peschet); Chaumont; [Chassigny] (Ch. Clerc). — Côte-d'Or : Coulmier-le-Sec (Dʳ R. Marie!); Montbard!. — Aube : Lusigny (Lanaige!). — S'étend depuis l'Espagne méridionale jusqu'à l'Asie Mineure, mais n'existe ni en Corse ni en Barbarie.

M. grammicus Panz. (p. 263). — Se développe à l'état de larve dans une cécidie des racines de *Centaurea jacea* (abbé Pierre). — Yonne : Avallon!. — Hᵗᵉ-Marne : Eurville (Peschet).

M. alternans Herbst. (p. 263). — *moerens* Fåhrs. — Mœurs : L. Chevalier in *Bull. Soc. ent. Fr.*, [1901], p. 344. — La larve a été observée dans la racine charnue de la Carotte cultivée (*Daucus carota* L.) et la ronge presque entièrement; ses dégâts se manifestent à partir du mois de juin; vers la fin de juillet, elle s'enfonce dans le sol, où se trouve ensuite la coque nymphale; l'adulte apparaît à la fin d'août (¹).

M. emarginatus Fabr. (p. 264). — Biologie mal connue. L. Bedel en a pris plusieurs individus à Lardy (S.-et-O.), entre les racines de l'*Artemisia campestris* poussant sur les tufs calcaires; d'autre part E. Olivier (*Cat. des Col. de l'Allier*, p. 277) affirme que ce *Mecaspis* se trouve en même temps que le précédent sur le *Peucedanum cervaria*. De fait, j'ai pu constater que les deux espèces sont fréquemment associées dans les mêmes localités. A l'état adulte le *M. emarginatus* est la proie habituelle d'un *Cerceris* qui lui fait la chasse en plein soleil. — L'espèce s'étend, vers le Nord, jusqu'au littoral des Pays-Bas (Everts). (*J. S. C. D.*).

---

(1) Il est très probable que ce Curculionide s'attaque également à d'autres Ombellifères. Le Catalogue des Coléoptères de l'Allier (p. 277) l'indique comme trouvé sur le *Peucedanum cervaria*. Par contre il est extrêmement douteux que la larve de Cléonide trouvée par Perris au pied du *Picris hieracioides* (Composée), et qu'il supposait pouvoir appartenir à l'*alternans*, se rapporte réellement à cette espèce. R. Kleine (*Ent. Blatt.*, [1910] p. 169) et d'après lui Reitter (*Fn. germ.*, V, p. 86) ont reproduit le renseignement de Perris sans en mentionner l'origine et sans lui maintenir son caractère dubitatif. Cette manière de faire n'est pas sans inconvénient : elle laisserait facilement croire à une confirmation indépendante du renseignement primitif, ce qui n'est en réalité pas le cas (*J. S. C. D.*).

M. *tigrinus* P a n z. (p. 264). — Mœurs et métam. : W e i s e in
Deutsche ent. Zeitschr. [1897], p. 389. — S. et S.-et-O. : rive gauche
de la Marne au-dessus de Champigny (P.h. F r a n ç o i s !); fort d'Ivry !;
Vigneux (Dr R. M a r i e !); Rueil (J e a n s o n !); Choisy-le-Roy (G u i-
bout); Limay (M a g n i n).— Marne : environs de Reims (L a j o y e);
Epernay (C h. D e m a i s o n).— Aube : Bréviande (L a n a i g e !). —
Manque en Picardie et en Normandie; s'étend jusqu'en Asie Mineure :
Tokat (coll. D e m a i s o n !).

Obs. — Cette espèce vit aux dépens de diverses Composées Corymbifères; aux environs de Paris elle se prend surtout sur l'*Achillea*
millefolium et le *Tanacetum vulgare*; en Allemagne, sa larve a été
observée dans les racines de l'*Artemisia vulgaris* (W e i s e, l. c.); dans
les Pyrénées orientales, l'insecte se trouve sur une autre plante du
même genre, *Artemisia absinthium* (R. O b e r t h ü r !).

M. *piger* S c o p. (p. 265). — Biol. : X a m b e u in *Ann. Soc. linn.*
Lyon [1897], p. 20 (larve). — Très rare en Algérie : Djebel-Babor
(V a u l o g e r !) et en Corse.

[**M.** *mixtus* F a b r. (p. 265)]. — Rayer cette espèce, étrangère à la
faune du bassin de la Seine (¹) et substituer à l'ancien texte le suivant :

***M. varius** H e r b s t, 1794, *Käf.*, VI, p. 252. — F a u s t, *Arttabell.*
der Cleoninae, in *Deutsche ent. Zeitschr.*, [1904], p. 224.

Terrains arides et découverts, au pied de l'*Echium vulgare*, au
printemps et en été; observé en Provence dans les rhizocécidies des
Cynoglossum.

S. et S.-et-O. : La Varenne (C h. B r i s. !); Bois-Colombes (J. M a -
g n i n !); parc de Pavant à Versailles (A. D u b o i s); Saclas!. —
S.-et-M. : champ de tir de Fontainebleau (B o n n a i r e, J. M a g n i n). —
Yonne : Gy-l'Évêque (Dr P o p u l u s); Cravant (E. G i l s o n in coll.
M a g n i n !). — [Hte-Marne : Chassigny (C h. C l e r c !)]. — [Côte-d'Or :
env. de Dijon (R o u g e t)].

Loire-Inférieure; Puy-de-Dôme (Dr M a r m o t t a n !); Allier (H. d u
B u y s s o n !); tout le Midi de la France..

Europe centrale et méridionale, Anatolie, Perse.

(1) Le *M. mixtus* F a b r., décrit d'Algérie, est une espèce très distincte du
varius H e r b s t. L'indication du *victus* sur *Anchusa italica* et les citations
d'Algérie s'appliquent au *M. mixtus* et non au *varius*. Inversement la
mention « Alp. Mar. » qui accompagne le nom de *mixtus* dans le *Catalogus*
de 1906 est à rayer jusqu'à plus ample informé, bien qu'elle provienne de
F a u s t (l. c., p. 274).

M. cordiger ‡ Bed., 1883 (non Germ., Faust, l. c., p. 273) =
***M. scabrosus** Brullé, 1832, *Exp. Morée*, III, p. 243. — Gyllh.,
1834. — *albarius** Gyllh., 1834. — *echii** Chevr., 1873. — Biol. :
abbé Pierre in *Rev. sc. Bourbonnais*, [novembre 1901], sep., p. 1.
— Larve dans les racines de l'*Echium vulgare*, où elle provoque un
renflement; l'adulte en automne et au printemps. — S. et S.-et-O. :
pris autrefois au Parc des Princes à Auteuil (Dr Marmottan);
Poissy (H. Bris.!). — Allier (H. du Buysson); Hyères (Marmottan); Cannes et Nice (A. Grouvelle!).

M. fasciatus Müll. (p. 265). — Métam. : Ch. Marchal in *Mém.
Soc. sc. nat. Saône-et-Loire*, VIII [1886], p. 74. — La larve, qui vit
dans les racines de diverses Chénopodées et spécialement des *Atriplex*,
y provoque un renflement et se transforme sans déplacement (Ch.
Marchal, l. c.); aussi, sur les terrains salés du littoral, dans les
racines de *Salsola Kali* où il provoque également un renflement
fusiforme (Molliard). — Aussi en Asie Mineure : Tokat (!) et au
Nord jusqu'en Écosse (Murray) (1).

<h3 align="center">Genre Lixus Fabr.</h3>

Revision : Petri in *Wien. ent. Zeitschr.*, [1904], p. 186 et [1905], p. 34.

L. paraplecticus L. (p. 266). — Aube : étang des Baillys (Le
Brun). — Marne : marais au bord de la Marne à Ay (Ch. Demaison!). — H^{te}-Marne : forêt du Val!!. — Calv. : Falaise (Brébisson).

L. iridis Ol. (p. 267). — Biologie et parasites : abbé Pierre in
L'Échange [1903], n°s 219 et suivants. — Se développe dans les
entre-nœuds des tiges de diverses Ombellifères, principalement de
l'*Heracleum sphondylium;* pond en juin et éclôt en août (2). —
S.-et-O. : marais de l'Essonne près La Ferté-Alais, mai 1906! —
Aisne : Sissonne, un individu (G. de Buffévent!). — Marne : Ay,
juin 1904 (Ch. Démaison!); Damery (Bellevoye!). — Yonne :
Tissey près Tonnerre (R. Cormon!). — Calv. : bois de Troarn
(Fauv.). — Aussi aux environs de Rennes (R. Oberthür!) et de
Bourges!!.

(1) Le genre *Mecaspis* n'est représenté dans les Iles Britanniques que
par trois espèces : *nebulosus* L., *piger* Scop. et *fasciatus* Müll. De ces
trois espèces, une seule (*piger* Scop.) a été trouvée en Irlande.
(2) Observé aussi dans l'Allier sur le *Conium maculatum* (abbé Pierre);
parfois nuisible au céleri (*Apium graveolens*) dans le Languedoc; Hervé
(*Cat. Col. Finist.*, p. 98), l'a trouvé dans les tiges du Panais (*Pastinaca
sativa*).

L. *myagri* Ol. (p. 267). — S.-et-O. : rive droite de la Seine en aval du pont de Poissy!. — Marne : Avize; Ay (Ch. Demaison). — H^te-Marne : Rolampont (Peschet!). — Aube : bords de la Seine à Foicy, dans les tiges sèches de *Roripa amphibia* où a vécu la larve (G. d'Antessanty).

L. *algirus* L. (p. 267). — Espèce polyphage, nuisible aux Fèves cultivées en Italie et dans l'île de Minorque (cf. Lesne in *Bull. Soc. ent. Fr.* [1901], p. 221. — Marne : Germaine (Ch. Demaison). — H^te-Marne : Eurville, mai-juin (Peschet). — Yonne : Givry!; Avallon!.

L. *cribricollis* Bohem. (p. 268). — S. et S.-et-O. : Bois-de-Boulogne (Destréez!); Chaville (J. Magnin!); Gif (id.!); St-Nom-la-Bretèche (Ch. Brongniart!); Poissy!. — Marne : forêt de Troisfontaines!!. — Nièvre : Brassy (Méquignon!). — Aussi en Asie Mineure : Cilicie (!).

L. *cylindricus* Herbst. (p. 268). — *bardanae* Fabr., 1787. — Petri, l. c. — Biol. : Urban in *Ent. Blätt.* [1914], p. 28, fig. — En Allemagne, Urban l'a observé dans les tiges de *Rumex hydrolapathum;* L. v. Heyden l'indique sur les *R. aquaticus* et *R. acetosa.* — Il reste à vérifier si les *L. bardanae* indiqués par Bellevoye de la Marne (forêt de Germaine, sur *Rumex patientia*) et par Lancelevée de l'Eure (forêt de Longboël) appartiennent réellement à cette espèce, beaucoup plus rare en France que la précédente. — S.-et-O.: Vaux-de-Cernay (Méquignon!!).

L. *punctiventris* Bohem. (p. 268). — Seine : Bondy (Roguier!). — Marne : Rezins (Ch. Demaison). — Yonne : Avallon!. — Côte-d'Or : Montbard!. — Aisne : Condé-sur-Aisne (G. de Buffévent!!). — Somme : Le Crotoy (Carpentier!). — Pas-de-Calais : Wimereux (A. Giard!); dunes de Condette!!. — Calv. : Fresney-le-Puceux; Caen, dunes de Merville; Deauville (Fauvel). — Il est singulier que ce *Lixus*, commun chez nous dans la région maritime, ne se trouve pas en Angleterre où abonde sa plante nourricière (*Senecio jacobaea*!!). — En Bavière, H. Ross signale la larve au collet ou dans la partie inférieure des tiges de *Crepis biennis.*

L. *vilis* Rossi (p. 269). — Marne : Reims (Ch. Demaison). — Yonne : Escolives; Gy-l'Évêque (Dr Populus). — S.-Inf. : St-Maur près Rouen (coll. Fauvel). — Calv. : Merville; Dives (Fauvel). — Signalé des dunes de Dunkerque par A. de Norguet.

L. *sanguineus* Rossi (p. 269). — Marne : St-Étienne-au-Temple

(Méquignon!). — Aisne : Sissonne (G. de Buffévent!). — Calv. :
Monts d'Eraines; Sallénelles; dunes de Merville (Fauvel). — Signalé
des dunes de Dunkerque (sous le nom d'*angustus* Herbst) par
A. de Norguet.

L. Ascanii L. (p. 270). — S. et S.-et-O. : Vitry-sur-Seine
(Estiot!); Chaville; Ville d'Avray (A. Dubois). — S.-et-M. : Fon-
tainebleau (Dr Marmottan!). — Yonne : Sous-Roche près Avallon!.
— Marne : Reims; Germaine (Ch. Demaison). — Oise : marais de
Coye!. — Somme : Montdidier (E. Colin!).

Obs. — Aux environs de Paris, le *L. Ascanii* ne se trouve que dans
les endroits humides et incultes, notamment les prés très herbeux.
On peut se demander si les indications de Perris et de Bargagli,
qui le donnent comme s'attaquant au *Beta vulgaris*, ne se rappor-
teraient pas en réalité au *L. junci* Bohem., lequel a été récemment
signalé dans les cultures de Betteraves (cf. H. du Buysson in *Misc.
entom.*, XXV, n° 1).

Dans l'Italie méridionale, une variété de grande taille du *L. Ascanii*
(*albomarginatus* Bohem.) a été trouvée dans les tiges du Câprier
(*Capparis rupestris*); cf. G. Leoni in *Riv. coleott. ital.*, V [1907],
p. 194 (*J. S. C. D.*).

L. spartii Ol. (p. 270). — S.-et-O. : environs de Versailles (Ph.
Boudier!, 1828). — Yonne : Avallon (Ch. Bris.!). — Marne :
Rilly-la-Montagne (Lajoye). — Orne : [Longny; Le Mage (Cordier!)].
— L'indication de la Seine-Inférieure : Orival (Levoiturier) est
considérée par Fauvel comme très douteuse.

L. elongatus Goze (p. 270). — Cet insecte, abondant aux environs immédiats de Paris, manque à peu près complètement dans la
partie maritime du Nord-Ouest de la France (de la frontière belge
au Finistère), de même que dans les Iles Britanniques.

Genre **Larinus** Germ.

L. flavescens Germ. (p. 270). — La « Carduacée à fleurs jaunes »
dans les capitules de laquelle vit le *L. flavescens* est le *Kentrophyl-
lum lanatum*, sur lequel j'ai pris l'espèce en abondance dans toute la
Provence (*J. S. C. D.*).

L. carlinae Ol. (p. 271). — Dans la citation du mémoire de Laboulbène, lire « 1858 » au lieu de « 1859 ». — D'après J.-J. Kieffer (*F. des J. Nat.*, XXXIII [1893], p. 45), la larve de ce *Larinus* vivrait également dans les capitules d'un *Centaurea*.

L. sturnus Schall. (p. 271). — Vit surtout (dans le bassin de la Seine) sur *Centaurea scabiosa*!!. — Dans les pâturages de moyenne altitude du Jura et, des Alpes, la grande race *conspersus* Bohem. abonde sur le *Cirsium eriophorum*!!

L. jaceaeae Fabr. (p. 271). — Surtout sur *Carduus nutans*!!. — Cette espèce ne paraît pas exister dans la partie maritime du bassin de la Seine (Boulonnais, Picardie, Normandie).

L. turbinatus Gyllh. (p. 271). — S.-et-O. : Janville-sur-Juine!; La Ferté-Alais!; Saclas!. — Commun dans le Midi sur *Cirsium ferox*!!. —Cette espèce est loin d'être spéciale à l'Europe méridionale, comme l'indique Capiomont; son aire de dispersion suit à peu près la limite septentrionale de la culture de la vigne (de la côte sud de la Bretagne : Morbihan!, Loire-Inférieure!!, jusqu'au Nord de, la Hongrie) (*J. S. C. D.*).

Genre **Lepyrus** Schönh.

Indépendamment des différences déjà signalées (p. 92), les deux *Lepyrus* français se distinguent par les caractères suivants :

Écusson glabre et poli au milieu. Dent des fémurs antérieurs médiocre, anguleuse.............. **palustris** Scop.

Écusson entièrement pubescent. Dent des fémurs-antérieurs assez forte, lobée..................... **capucinus** Schall.

Tribu **CURCULIONINI**.

Genre **Curculio** L.
(*Hylobius* Schönh.)

Synopsis : Reitter in *Wien. ent. Zeitschr.* [1891], p. 97.

C. abietis L. (p. 273). — Biol. : Judeich et Nitsche, *Lehrb. der Mitteleur. Forstinsektenkunde*, p. 417; A. Barbey, *Traité d'Entomol. forestière*, p. 173. — Cette espèce semble, au moins dans les pays de plaine, avoir une évolution assez compliquée dont le cycle se répartit sur deux ans. La première année, la ponte a lieu de mars à mai; la période larvaire s'étend de mai en septembre; l'insecte hiverne en cocon jusqu'en juin de l'année suivante; la nymphose a lieu en juillet, l'éclosion fin juillet ou au début d'août. Le charançon hiverne cette fois à l'état d'imago, et reprend la ponte de fin mars à mai comme la première année. La larve s'attaque aux tiges de quelques années et fréquemment à la partie supérieure des racines; l'insecte parfait, beaucoup plus nuisible que la larve, décortique les

jeunes plants de Pin sylvestre à peu de distance du sol ; l'arbre se
dessèche rapidement et meurt (*J. S. C. D.*).

Aussi dans l'Espagne centrale : Guadarrama!, mais inconnu dans
les îles de la Méditerranée et dans l'Afrique Mineure.

C. transversovittatus Goeze (p. 273). — J'ai trouvé à Coye, près
Chantilly, dans les premiers jours de l'automne, une série d'individus de cette espèce, tous extrêmement frais et qui certainement se
disposaient à hiverner. Je pense que leur éclosion avait dû s'effec-
tuer vers la fin de l'été, c'est-à-dire plus tard que ne le suppose
V. Mayet (cf. p. 95.) (*L. B.*).

Aussi en Transcaucasie : Batoum (D^r Ch. Martin!).

Obs. — Indépendamment des caractères inscrits au tableau du
genre (VI, p. 95-96), cette espèce diffère de l'*abietis L.* par son métasternum, lequel présente une bande lisse et polie le long des épisternes métathoraciques.

Genre **Liparus** Ol. (¹).

Revision : Reitter in *Deutsche ent. Zeitschr.* [1896], p. 319 et
[1897], p. 240; Guido Grandi in *Riv. Col. Ital.*, IV [1906], p. 241.

L. coronatus Goeze (p. 273). — Biol. : Rosenhauer in *Ent.
Zeit.*, Stettin [1882], p. 133 (larve) ; J. Fallou in *Rev. Sc. nat. appl.*
[1889], n° 2, fig. (mœurs).

L. germanus L. (p. 274). — Oise : Thury (F. de Vuillefroy!). —
Aisne : Folembray (G. de Buffévent!). — H^{te}-Marne : Rolampont
(Peschet). —Seine-Inf. : Offranville, au pied de l'*Angelica sylvestris*
(Paul Labbé!). — Pas-de-Calais : Wimereux; Ambleteuse (Ph.
François!!); St-Léonard!!.

Se retrouve en Angleterre dans la partie voisine du Pas-de-Calais,
notamment autour de Hythe (comté de Kent). — Au Mont-Dore, j'ai
capturé régulièrement le *L. germanus* à l'aisselle des feuilles inférieures de l'*Heracleum flavescens* = *Lecoqi* D. C. (*J. S. C. D.*).

L. dirus Herbst (p. 274). — H^{te}-Marne : coteaux au-dessus de
Gudmont, autour des *Laserpitium*!!

(1) **Une cinquième espèce française, *L. engadinensis* Reitt.** (décrit du
**Tyrol), se trouve assez communément dans la Haute-Maurienne (V. Pla-
net!!).**

A Gabas (Basses-Pyrénées), j'ai trouvé le *L. glabrirostris* Küst. sur les
énormes feuilles de l'*Heracleum sphondylium* var. *pyrenaicum* Lam.
(*J. S. C. D.*).

Genre **Anisorrhynchus** Schönh. [1]

A. bajulus Ol. (p. 274), 1807 = **barbatus** Rossi, 1794, *Mant.*, II, p. 93, tab. 1, fig. D (sub *Curculio*). — Pelouses sèches, bords des chemins, friches calcaires, souvent à l'abri sous les pierres posées sur le sol; surtout en avril et mai. — S.-et-O. : La Ferté-Alais!; Saclas!. — [Loiret : Orléans (coll. Magnin)]. — Yonne : Cravant (E. Gilson). —Côte d'Or: [environs de Dijon (Rouget!)].—Aube : Les Marots ; friche devant la gare de Messon, enterré au pied d'un *Eryngium* (G. d'Antessanty).

Genre **Plinthus** Germ.

Syn. *Epipolaeus* Weise [2].

P. caliginosus F. (p. 275). — Cette espèce vit normalement sur les terrains boisés. Cependant je l'ai trouvée, au pied des plantes, sur les pentes herbeuses dominant directement la mer, dans la région du Cap Gris-Nez. Elle s'y rencontre en compagnie de l'*Harpalus latus* L., autre espèce presque toujours sylvicole, au moins dans l'Europe tempérée. La prédilection de beaucoup d'insectes pour le sol forestier paraît surtout tenir à la recherche de la fraîcheur et à l'impossibilité de vivre dans un sol exposé à l'échauffement et à un dessèchement excessif (*J. S. C. D.*).

L'éclosion doit avoir lieu en automne, époque à laquelle j'ai trouvé plusieurs fois des individus manifestement immatures (*L. B.*).

(1) Jusqu'à présent on ne sait pas grand'chose des mœurs des *Anisorrhynchus*. D'après les constatations que j'ai faites en Algérie, ce sont des insectes nocturnes, qui vivent comme les *Liparus* à la racine de diverses Ombellifères, notamment celles du groupe des Férules. Vitale (*Accad. Dafnica di Sc.*, VII, mem. 5, p. 9) indique l'*A. monachus* Germ. comme trouvé en Sicile sur le *Thapsia messinensis*. Dans le bassin de Paris, les plantes dans le voisinage desquelles a été rencontré l'*A. barbatus* sont l'*Eryngium campestre* et le *Seseli montanum* (*L. B.*).

(2) Le genre *Plinthus* a été décrit par Germar d'abord en 1818 in *N. Ann. Wetterau Ges.*, I., p. 137, puis en 1824 dans les *Insectorum species novae*. Dans ces deux ouvrages, Germar, sans désigner de génotype, associe le *Curculio caliginosus* F. à une série d'autres espèces que Lacordaire a séparées plus tard des *Plinthus* sous le nom de *Meleus*. Il y a donc lieu de s'en tenir à ce classement, qui n'est évidemment pas très heureux, mais qui, en pareil cas, est absolument régulier. C'est pour cette raison que le nom d'*Epipolaeus*, imposé par Weise aux *P. caliginosus* F. et *P. imbricatus* L. Duf. (*P. Perezi* Ch. Bris.) doit être mis en synonymie comme n'ayant pas de raison d'être (*L. B.*).

Genre **Minyops** Schönh.

Monogr. : K. Daniel in *Münchn. Kol. Zeitschr*, III, p. 346 [1908].

Genre **Adexius** Schönh., 1834.

Gen. et sp. Curc., II, p. 366 [v. p. 91].

***A. scrobipennis** Gyllh., 1834, ap. Schönh., l. c., p. 367.

Long. 2,5 à 3 mm. — Insecte court, en entier d'un brun rougeâtre, hérissé de longues soies pâles. Rostre déprimé. Pronotum beaucoup moins large que les élytres; ceux-ci globuleux, marqués de séries régulières de gros points serrés.

Contrées montueuses et boisées; parmi les mousses et les détritus ligneux, notamment au pied des vieux noisetiers; éclôt vers la fin de septembre.

Yonne : bois de la Ville près Avallon!. — Côte-d'Or : Montbard (Gruardet!!). — Haute-Marne : val d'Amorey près Auberive!!.

Par places dans l'Europe continentale, depuis les Pyrénées et l'Auvergne jusqu'au plateau de Podolie, mais à l'exclusion du versant méridional des Alpes.

Genre **Liosoma** Steph.

L. oblongulum Bohem. (p. 275). —Bois humides, sur l'*Anemone nemorosa*!, surtout au printemps. — Marne : forêt de Germaine!; forêt de Troisfontaines!!. — H^te-Marne : Gudmont!!. — Seine-Inf. : forêt d'Eawy près St-Saëns (Sedillot!); Bois-l'Abbé près Eu!. — Calv. : forêt de Cinglais (Fauvel!); forêt de Cérisy!. — L'indication « Corse » (p. 275) est à rayer; le *Liosoma* de Corse a été décrit postérieurement (*Bull. Soc. ent. Fr.* [1912], p. 149) sous le nom de L. *Devillei* Bed.

L. pyrenaeum Ch. Bris., 1867, v. *troglodytes** Rye, 1873, in *Ent. Monthly Mag.*, X [1873], p. 136. — Bed. in *Rev. d'ent.*, III [1884], pp. 135 et 139.

Grands bois, parmi les mousses des talus; dès le premier printemps.

Calv. : coteaux de Mouen; Fresney-le-Puceux; Carville; Ouilly-le-Basset (Fauvel); forêt de Cérisy!.

Sud-Est de l'Angleterre (*types* du *L. troglodytes* Rye); le type *pyrenaeum* dans les Pyrénées centrales.

Obs. — Assez semblable à l'espèce précédente, dont il diffère par sa petite taille (2,5 mill. au plus) et par les épisternes métathoraciques dépourvus de squamules blanches.

L. cribrum Gyllh. (p. 275). — Eure : Lyons-la-Forêt (E. Simon!). — Seine-Inf. : forêt de la Londe, au vallon de Crèvecœur Lancelevéc); Bois-l'Abbé près Eu, un individu!

Ici vient s'intercaler un Curculionide d'origine américaine, actuellement àssez répandu et en voie d'acclimatation dans l'Europe occidentale. C'est le type d'une tribu particulière :

Tribu STENOPELMINI

Genre Stenopelmus Schönh., 1836.

Gen. et Spec. Curc., III, p. 469.

Synon. : *Degorsia* Bed., 1902, in *Bull. Soc. ent Fr.* [1901], p. 369.

**S. rufinasus* Gyllh., 1836, ap. Schönh., loc. cit. — *Champenoisi* Bed., loc. cit. — Synonymie et mœurs : Bedel in *Bull. Soc. ent Fr.* [1904], p. 23.

Petit insecte ayant assez exactement le faciès d'un *Phytobius*, couvert de squamules hydrofuges plus ou moins variées, avec une tache blanchâtre à l'intérieur de chaque épaule; rostre et pattes ferrugineux. — Long. 1,8 mm.

Fossés d'eau douce et claire, particulièrement dans le voisinage du littoral; vit immergé, à la face inférieure des feuilles d'une petite plante aquatique du genre *Azolla*; parfois sur les plantes basses en dehors de l'eau.

Eure : St Mards-de-Blacarville, été 1892, un seul individu (A. Degors!).

États du Sud de l'Amérique du Nord (notamment Californie, Iowa, Floride, etc.); Europe occidentale, où il a été capturé en plusieurs points et tend visiblement à s'acclimater.

Obs. — Je crois intéressant d'indiquer ci-après, à titre de document pour l'avenir, les captures européennes du *Stenopelmus* qui sont parvenues à ma connaissance :

Hollande (Hijmans et Thijsse, vers 1910; Everts).

Belgique : étang d'Overmeire dans la Flandre orientale (Rousseau, vers 1910); Campine, aux environs de Calmpthout (Bovie, 1911; Lestage, 1921).

Eure : St Mards-de-Blacarville (Degors, 1892).

Manche : Moidrey (R. Oberthür, 1916).

Loire-Inférieure : Doulon près Nantes (E. de l'Isle, 1920!!).

Vendée : Croix-de-Vie, août 1913!!, 2 individus (captures accidentelles).

Charente : Cognac (L. Bedel, 1914).
Charente-Inférieure : S'-Savinien (Champenois, 1901 et années suivantes!!). — Abondant et bien acclimaté dans cette localité.
Hérault : marais de Gramenet près Montpellier (H. Lavagne, 1902).

Angleterre : marais de la River Bure dans le comté de Norfolk (O. E. Janson, 1921 ; H.J. Thouless, novembre 1921). — Abondant et bien acclimaté sur l'*Azolla filiculoides* (cf. *Ent. Monthly Mag.* [1921], p. 225 et 274).

(J. S. C. D.)

Tribu HYDRONOMINI.

Genre **Hydronomus** Schönh. ([1])
(*Bagous* Schönh.).

Synopsis des espèces britanniques : E.-A. Newbery in *Ent. Rec.*, XIV [1902], n° 6.
Notes : D. Sharp in *Ent. monthly Mag.*, LII [1916], p. 275 ; LIII [1917], p. 27, p. 100 ([2]).

---

(1) L'*H. Mulsanti* Fauv. (*minutus* ‖ Muls.), considéré comme exclusivement méridional, a été découvert dans le Finistère à Penmarch (G . Odier!); il existe aussi dans les Charentes (Champenois).
L'*H. biimpressus* Fåhrs. existe de même dans la Gironde : Léognan (J. Clermont!!).
Une troisième espèce méridionale, *H. exilis* Duv., remonte également sur nos côtes occidentales où je l'ai capturée sur les falaises du Pouliguen (Loire-Inférieure) (*J. S. C. D.*).
L'*H. (Dicranthus) elegans* F., l'une des plus grandes raretés de la faune française, a été repris à la fin d'août 1895 au Lac de Grand-lieu (Loire-Inférieure), sous des plantes aquatiques récemment fauchées. D'après Brauns (*Ent. Nachr.*, [1891], p. 107), il vit sur le *Phragmites vulgaris*.
Enfin une très belle espèce complètement nouvelle, *H. denticulatus* Hust., a été découverte dans ces dernières années sur le littoral français de la Méditerranée. — Cf. *Bull. Soc. ent. Fr.* [1913], p. 234 ; [1914], p. 382 ; [1919], p. 182.
(2) Je manque des matériaux nécessaires pour apprécier dès à présent les vues très originales émises dans ce mémoire. D'après l'auteur, les *Hydronomini* des classifications antérieures doivent être scindés en deux tribus dis-

H. petro Herbst (p. 276). — S.-et-O. : mare de Gargan, 1898 (J. Magnin); marais de Sucy et forêt de Rambouillet (Méquignon!). — Marne : Ay (Harez!).

Aussi aux environs de Nantes (E. de l'Isle!!).

H. cylindrus Payk. (p. 276). — S.-et-O. : étang du Trou-Salé près Versailles (A. Dubois). — Eure-et-Loir : Étang-Neuf, entre La Ferté-Vidame et Marchainville!. — Marne : forêt d'Épernay (Dr Bettinger).

H. argillaceus Gyllh. (p. 277). — *Leprieuri* * Guilleb., 1890, in *Ann. Soc. ent. Fr.*, [1890], *Bull.*, p. 74. — Aussi dans l'intérieur des terres, notamment dans l'Indre : étangs de la Brenne (A. Degors!!), dans l'Ain : étangs des Dombes (Guillebeau) et dans la Lozère : Luc (A. Bonhoure!).

H. tempestivus Herbst (p. 277). — L'*H. tempestivus* (sensu Bedel) me semble être l'espèce désignée par Sharp sous le nom de *Probagous Heasleri*. Je manque des matériaux nécessaires pour élucider la question (*J. S. C. D.*).

H. claudicans Bohem. (p. 277). — Biol. : Meijere in *Tijdschr. v. Ent.* [1912], p. 208. — La larve, éclose d'un œuf pondu en mai, vit dans les tiges creuses de l'*Equisetum limosum*; la nymphose a lieu en juin sur place.

H. lutulosus Gyllh. (p. 278). — Se prend assez fréquemment en dehors des marécages, dans les terrains détrempés temporairement par les grandes pluies!!.

tinctes, dont l'une (*Pseudobagoini*) se rattache de plus ou moins près aux *Erirrhinini*, tandis que la seconde (*Bagoini*) fait partie du même groupe principal que les *Cleonus*, *Lixus*, et *Larinus*, groupe distinct de tous les autres *Curculionidae* par la structure de l'appareil copulateur ♂.

Dans les *Pseudobagoini* rentrent les genres :

Pseudobagous Sh. (créé pour une espèce de l'Afrique australe);
Parabagous Sh. (*frit, binodulus*);
Abagous Sh. (*lutulentus, nigritarsis, lutosus*);
Hydronomus auct. (*alismatis*).
Parmi les *Bagoini* sont compris les genres :
Probagous Sh. (*Heasleri, cnemerythrus = tempestivus* auct.);
Lyprus Schönh. (*cylindrus*);
Bagous Germ. (*nodulosus, claudicans, lutulosus, brevis, limosus, argillaceus*, etc.);
Elmidomorphus Cuss. (*Aubei*).   (J. S. C. D.)

H. diglyptus Bohem. (p. 278). — S.-et-O. *: Buc, marais sous bois (G. Odier, 1902, un individu!). — Oise : repris dans la forêt de Compiègne, à l'étang de Ste-Périne (Ph. Grouvelle) et dans les prés de l'Ortille!. — Calvados : Fresney-le-Puceux (Fauv.).

H. limosus Gyllh. (p. 278). — S.-et-O. : étang du Trou-Salé près Versailles (Saubinet, Dubois); étang du Perray près Rambouillet (Ph. Grouvelle!). — Marne : Ay (Harez!).

H. binodulus Herbst (p. 278). — Seine-Inf^r° : Villequier, juillet 1866 (Ducoudré in *Soc. Amis Sc. nat. Rouen*, I [1866], p. 71). — Pas-de-Calais : [St-Omer (Dr Marmottan)].

Obs. — Cette belle espèce a été reprise en nombre en 1906 par le regretté A. Degors dans la localité classique d'Heurteauville (Seine-Inférieure). D'après ses observations, l'accouplement a lieu dans les fleurs du *Stratiotes aloides*. L'insecte grimpe sur les fleurs en s'aidant des crochets des tibias qui lui permettent de se livrer à des acrobaties extraordinaires. A la date du 8 juillet les mâles étaient déjà en grande minorité. (Lettre de A. Degors à Bedel.)

H. nodulosus Gyllh. (p. 278). — Aussi dans le Midi de la France à Aigues-Mortes (Delfieu!!).

H. lutosus Gyllh. (p. 279). — S.-et-O. : marais de Sucy-Bonneuil (A. David!); étang du Trou-Salé près Versailles (Dubois); étang du Perray près Rambouillet (Ph. Grouvelle!). — Marne : Vitry-le-François!!. — H^te-Marne : forêt du Val!!.

Obs. — Ainsi que l'indique H. Brisout (*Ann. Soc. ent. Fr.*, [1865], p. 624), l'*H. validitarsis* Bohem. est synonyme du *glabrirostris* Herbst et non du *lutosus* Gyllh.

D'accord avec D. Sharp (*loc. cit.*, p. 30) et avec V. Hansen (*Danmarks Fauna*, Snudebiller, pp. 137 et 143), je considère l'*H. nigritarsis* Thoms. comme une espèce parfaitement valable (1).

On pourra séparer les deux espèces à l'aide des caractères suivants :

Tarses ferrugineux. Côtés du pronotum arrondis et nettement rétrécis en arrière dans leur moitié postérieure. Contour du pronotum, vu de profil, à peu près rectiligne et presque

(1) Les deux espèces cohabitent rarement ensemble. Aux environs de Nice, par exemple, j'ai trouvé l'*H. glabrirostris* abondant à l'étang de Vaugranier, et le *nigritarsis* assez fréquent sur les atterrissements du Var, dans le voisinage de l'embouchure. (*J. S. C. D.*).

dans le prolongement de la base des élytres . . . .
. . . . **glabrirostris** Herbst.
Tarses rembrunis. Côtés du pronotum subparallèles en arrière.
Contour du pronotum, vu de profil, légèrement convexe
et formant un angle obtus avec la base des élytres . . . .
. . . . **nigritarsis** Thoms.

H. glabrirostris Herbst (p. 279). — Tout le bassin de la Seine,
commun.

H. nigritarsis Thoms. — *glabrirostris* v. *nigritarsis* Bed., 1882.
Environs de Paris, pas rare (Bedel). — Pas-de-Calais : marais de
St-Josse près Etaples!!

(J. S. C. D.)

H. alismatis Marsh. (p. 279). — Seine : berges de la Seine au
viaduc de Point-du-Jour, mai 1885!!; marais de Bonneuil (A. David!).
— Calvados : forêt de Cinglais; Merville (Fauvel); Hérouville-St-Clair
(Dubourgais). — Seine-Infre : Quevilly (Mocquerys). — Pas-de-
Calais : Berck-sur-Mer (Destréez!); Étaples, sur *Alisma plantago*!!.

Tribu **Erirrhinini** (¹).

Genre **Smicronyx** Schönh.

Biologie (cécidies) : Béguinot in *Marcellia*, III [1913], pp. 47-62,
tab. I.

S. caecus Reich. S.-et-O. : Cormeilles-en-Parisis!; La Ferté-
Alais!; Brétigny (P. Marié!). — Oise : forêt de Chantilly!; Monts
(L. Carpentier!). — Yonne : Avallon!. — Calv. : Caen (Fauvel);
Percy-en-Auge (Sédillot!). — Somme : Amiens (L. Carpentier!).
— Manche : [Portbail (Fauvel)]. — Très abondant à l'île de Jersey,
en août 1887, sur les Cuscutes qui envahissent les touffes d'*Ulex*!!.

S. jungermanniae Reich (p. 280). — Biologie (larve et nymphe) : Urban in *Deutsche ent. Zeit.* [1914], p. 113, fig. — La larve
détermine un renflement à la naissance des jeunes pousses de diverses espèces de Cuscutes (*Cuscuta epithymum*, *densiflora* = *epili-
num*, *major*); la nymphose a lieu en terre.

(1) Les *Erirrhinus biskrensis* Desbr., 1875 et *E. gracilentus* Fairm.,
1877, mentionnés à la page 107, note 3, ne sont qu'une seule et même espèce, synonyme de *Sharpia rubida* Rosenh. (*L. B.*).

S, Reichi Gyllh. (p. 289). — Mœurs mal connues. Trouvé à plusieurs reprises par H. Portevin dans les capitules prêts à s'ouvrir de la Petite centaurée (*Erythraea centaurium* Perr.). — Oise : forêts de Laigue (Ch. Bris.) et de Compiègne!. — Eure : Evreux (H. Portevin!). — Seine-Inf^re : Pont-Marest près Eu!, — Somme : Boves (L. Carpentier); Mers (Delaby).

Genre **Pachytychius** Jek.

P. sparsutus Ol. (p. 231). — Cette espèce est infiniment variable en ce qui concerne fa taille et le revêtement; il faut y rattacher à titre de race locale le *P. albomaculatus* Pic, d'Algérie, très remarquable par sa vestiture à dessins tranchés blancs et noirs (*L. B.*).

Genre **Orthochaetes** Germ.

Synopsis : Reitter in *Wien. ent. Zeit.*, [1899], p. 5.

O. setiger Beck (p. 281). — Il y a lieu de distinguer de cette espèce l'*O. discoidalis* Fairm., des Alpes méridionales, qui en diffère par les élytres sans côtes distinctes.

On trouvera peut-être en Normandie l'*O. insignis* Aubé, commun dans tout l'Ouest de la France et récemment retrouvé en Angleterre.

D'après J. le B. Tomlin et H. M. Hallett, qui l'ont observé sur la côte sud du Pays de Galles, ce Curculionide se tient constamment sur une petite Pensée sauvage des dunes maritimes, *Viola Curtisi* Först.; cf. *Ent. Monthly Mag.*, [1915], pp. 18 et 292. — L'indication « Seine-Inférieure », donnée par Reitter, est peu vraisemblable et ne peut s'expliquer que par une confusion avec la Loire-Inférieure, où l'insecte est en effet commun. Dans le Midi de la France et les îles de la Méditerranée, l'*O. insignis* n'est plus spécial au littoral et se trouve dans les forêts des montagnes. Il en est de même dans les Pyrénées, car l'*O. rubricatus* Fairm. ne semble pas réellement distinct de l'*insignis* (*J. S. C. D.*).

Genre **Pseudostyphlus** Tourn.

P, pilumnus Gyllh (p. 281). — Juin à septembre; en réalité répandu, bien qu'assez rare, dans tout le bassin de la Seine.

Genre **Procas** Steph.

P. armillatus Fabr. (p. 281). — Seine : Vitry, mai 1892, un seul individu trouvé au bord de la Seine (Estiot!). — Calv. : monts

d'Eraines près Falaise; Fontenay-le-Marmion (Fauvel). — Somme :
Mers (Delaby!). — On ne sait toujours rien de la biologie des
Procas.

Genre **Grypidius** Steph.

G. brunneirostris Fabr. (p. 282). — Paraît vivre sur l'*Equisetum
limosum.* (*L. B.*). — Repris dans de nombreuses localités et en réalité
répandu dans tout le bassin de la Seine.

Genre **Thryogenes** Bed.

T. festucae Herbst. (p. 282). — Oise : Thury (Destréez). —
Yonne : Sens (Deschamps); Châtel-Censoir (Cotteau). — Aube :
Villechétif (Laverdet). — Calv. : Plainville; Isigny; Merville (Fauvel). — Pas-de-Calais : marais de Sᵗ-Josse!!. — Hᵗᵉ-Marne : environs de Sᵗ-Dizier!!.

T. Nereis Payk. (p. 283). — Biologie (larve et nymphe) : Urban
in *Ent. Blätt.* [1914], p. 90-93, fig. — Larve dans la partie inférieure
des tiges de l'*Heleocharis palustris* R. Br.; accouplement et ponte
fin mai; nymphose en juillet dans la partie de la tige située au niveau de l'eau; éclosion en août. — S.-et-O. : pièce d'eau des Suisses
à Versailles (A. Dubois). — Pas-de-Calais : Berck-sur-Mer (Destréez); Sᵗ-Josse!!. — Calv. : Merville : forêt de Cinglais (Fauvel).

Genre **Notaris** Steph.

N. bimaculatus Fabr. (p. 283). — Pas-de-Calais : Wimereux (Ph.
François!); Sᵗ-Léonard, bords de la Liane!!.

Genre **Dorytomus** Steph.

J'ai constaté chez une espèce de ce genre (*D. longimanus* Forst.)
une stridulation assez faible, mais bien perceptible. Cette stridulation
est produite par le frottement des segments mobiles de l'abdomen
contre la face inférieure des élytres (*L. B.*).

Les *Dorytomus* se développent à l'état de larves dans les bourgeons
ou les chatons femelles des Salicinées. La larve tombe avec les bourgeons ou les chatons flétris et se transforme en terre. Vers les mois
de juin ou de juillet, les adultes apparaissent en nombre sur le feuillage de leur arbre nourricier; ils disparaissent en général au fort
de l'été et hivernent au pied des arbres ou sous les écorces, pour

pondre au premier printemps, au moment de la floraison ou du bourgeonnement. Il y a presque toujours une certaine différence d'aspect entre les individus capturés à la fin de l'hiver et les jeunes, même à l'état de parfaite maturité, que l'on rencontre dans le mois qui suit l'éclosion (*J. S. C. D.*).

D. *longimanus* Forst. (p. 284). — Métam. : Xambeu in *L'Echange*, [1896], p. 119 (pag. spéc.), sub *D. vorax*. — Larve dans les bourgeons de peuplier ; la nymphose a lieu dans une loge en terre. L'adulte éclôt en mai (dans le midi de la France) et pond au premier printemps de l'année suivante après avoir hiverné.

***D. Schonherri** Faust (p. 117, nota). — Aisne : Soissons (G. de Buffévent!). — H^to-Marne Wassy (Gérard!!). — Assez commun dans le Centre de la France : Nantes (Musée de Nantes!!), Châteauroux!!, Bourges!!, Grenoble (Agnus!!), etc.

D. *tremulae* Fabr. (p. 284). — La larve que Brischke (*Schrift. Naturf. Ges. Danzig*, nov. ser., VII, p. 8) attribue à cette espèce et qu'il signale dans les chatons femelles de *Salix* capraea est probablement celle du *D. taeniatus* F. (*L. B.*).

D. *tortrix* L. (p. 284). — Mœurs : J. H. Keys in *Ent. Monthly Mag.*, [1916], p. 116. — D'après J. H. Keys, le *D. tortrix* cesse toute activité à partir du mois d'août et se dissimule dans les touffes de gazon au pied de son arbre nourricier. Tiré de sa retraite, il continue à faire le mort pendant un temps considérable avant de donner signe de vie. Le même observateur attire l'attention sur l'analogie d'aspect de ce Curculionide avec les petites bractées fauves qui entourent les bourgeons à feuilles du *Populus tremula*.

D. *filirostris* Gyllh. (p. 284). — Trouvé abondamment en automne sur le *Populus nigra*, dans l'Orne!.

D. *Dejeani* Faust (p. 285). — Très rare en Normandie d'après Fauvel.

D. *validirostris* Gyllh. (p. 285). — Très rare en Normandie d'après Fauvel. Hiverne en grand nombre sous les écorces de platanes, dans toutes les parties de la banlieue parisienne où les rives de la Seine sont bordées de vieux peupliers!!.

D. *hirtipennis* Bed. (p. 285). — Hiverne en compagnie du précédent, mais en beaucoup moins grand nombre : île de la Grande-Jatte!!, Bagatelle!!, Colombes (J. Magnin!), Poissy!, etc.

D. *nebulosus* Gyllh. (p. 285). — S.-et-S.-et-O. : Bourg-la-Reine ;

Sannois (J. Magnin!); St-Cloud (Hénon!); Presles (F. Simon!); Sucy-en-Brie (Daguin!); Boissy-St-Léger (A. David!); forêt de Sénart (Dr R. Marie!); marais de La Ferté-Alais et d'Itteville!; Saclas!. — S.-et-M. : Barbizon!; Pontault (P. Marié!), — Aisne : La Ferté-Milon (E. Simon!); Corcy; Condé-sur-Aisne (G. de Buffévent). — Hte-Marne : Rachecourt-sur-Marne!!. — Cette espèce semble s'être beaucoup multipliée depuis trente ou quarante ans, à la suite des grandes plantations de peupliers.

D. affinis Payk. (p. 286). — Lisière des bois humides, sur *Populus tremula*!!. — Oise : Coye (J. Magnin!). — Seine-Infre : Bois l'Abbé près Eu! — Hte-Marne : St-Dizier!!.

Obs. — Une race africaine du *D. affinis* (*edughensis* Desbr.) vit en Algérie sur le *Populus alba* v. *nivea* Willd. — Cf. P. de Peyerimhoff, *Ann. Soc. Ent. Fr.*, [1919], p. 237).

D. salicinus Gyllh. (p. 286). — Marécages froids et tourbeux, sur le *Salix aurita*!!. — Aisne : Corcy (G. de Buffévent!). — Orne : mares de La Poussinière près L'Home!. — Nièvre : Brassy (Méquignon!); sources de l'Yonne près Arleuf, fin juillet 1905, abondant!!.

D. salicis Walt. (p. 286). — S. et S.-et-O. : St-Cloud (Destréez!). — S.-et-M. : forêt de Villefermois (A. Champenois!). — Calvados : forêt de Toucques (Fauvel, Sédillot!). — Marne : forêt de Trois fontaines, mars-avril, sur *Salix aurita*!!. — Nièvre : source de l'Yonne près Arleuf, sur *Salix aurita*, abondant fin juillet 1905!!. — Pas-de-Calais : dunes de Condette, fin juin 1907, sur *Salix repens*!!.

D. majalis Payk (p. 286), — S.-et-O. : Versailles (Destréez!).

D. melanophthalmus Payk. (p. 287). — Biologie (larve et nymphe) : Urban in *Ent. Blätt.* [1914], p. 98. fig. — Larve observée par Urban dans les chatons mâles de *Salix viminalis* et dans les chatons femelles de *S. alba*; par Rosenhauer dans les chatons mâles de *S. capraea*; aussi sur *S. triandra*!!; l'insecte parfait perfore les jeunes pousses dès le mois d'octobre et pond en octobre-novembre (Urban).

D. sanguinolentus Bed. (p. 287). — Oise : Beauvais!!. — Hte-Marne : St-Dizier!!. — S.-Infre forêt d'Eawy (Sédillot!). — Calv. : forêt de Toucques (Sédillot!). — Pas-de-Calais : dunes de Condette, sur *Salix repens*!!.

Genre **Elleschus** Steph.

E. scanicus Payk. (p. 288). — S. et-O. : Saclas!. — Aisne : Soissons (G. de Buffévent!). — Marne : Ay (Harez!), — H^{te}-Marne : St-Dizier!!.

Aussi en Algérie aux environs de Philippeville, où il vit sur *Populus alba* (P. de Peyerimhoff).

E. infirmus Herbst (p. 288). — S.-et-O. : Poissy!. — Oise : viaduc de Coye (J. Magnin!). — Aisne : Soissons; Noyant (G. de Buffévent!). — Marne : Ay (Harez!).

Tribu **ACALYPTINI**.

Genre **Acalyptus** Schönh.

A. carpini Fabr. (p. 289). — S.-et-O. : Vaux-de-Cernay (J. Magnin); forêt de Rambouillet (Sédillot!). — Aisne : étang de Corcy!. — Somme : St-Valery (L. Carpentier!). — Marne : forêt de Trois-fontaines!!.

Tribu **ANOPLINI**.

Genre **Anoplus** Schönh.

Notes : J. Sainte-Claire Deville in *L'Abeille*, XXX, p. 106. — J. le B. Tomlin in *Ent. Monthly Mag.*, 1912, p. 263.

A. roboris Suffr. (p. 289). — En réalité répandu et commun sur *Alnus glutinosa* dans tout le bassin de la Seine.

Obs. — Chez cette espèce, le fond du pronotum est alutacé entre les points, alors qu'il est poli chez l'*A. plantaris* Naéz. (cf. Tomlin, loc. cit.).

Ainsi que je l'ai indiqué (loc. cit.), l'*A. setulosus* Kirsch n'est pas synonyme de l'*A. roboris* Suffr.; c'est une espèce indépendante, propre aux régions montagneuses où elle vit de préférence sur l'*Alnus viridis* (*J. S. C. D.*).

Tribu **ORCHESTINI.**

Genre **Orchestes** Illig., 1798.

Syn. *Rhynchaenus* Clairv., 1798 (1).

O. quercus L. (p. 290). — Éthologie et métamorphoses : Trägårdh in *Arkiv f. Zool.*, VI [1910], mém. n° 7, pl. 1 et 2.

O. alni ‖ L. (p. 290) = **O. saltator** Fourcr., 1785 (*alni* ‡ auct., non Linn.).

O. sparsus Fåhrs. (p. 290). — S.-et-O. : coteaux de Lardy!; La Ferté-Alais!. — S.-et-M. : Nemours (Ph. François!). — Yonne : Châtel-Censoir (Cotteau). — H^te-Marne : Gudmont!!.
Indiqué par erreur d'Angleterre par H. Brisout (cf. E. A. Newbery in *Ent. Monthly Mag.*, XL [1904], p. 133).

O. erythropus Germ. (p. 291). — S.-et-O. : station de Montigny-Beauchamps!; Lardy!; Gif (Magnin)'; f. de Sénart (Sédillot!). — Yonne : Avallon!. — Nièvre : Brassy (Méquignon!). — Calv. : f. de Cinglais; Fresney-le-Puceux; f. de Toucques (Fauvel). — Manche : [Carolles (Dongé!)]. — Manque dans le Nord et l'Est du bassin de la Seine.

O. lonicerae Herbst (p. 291). — Dans les bois, sur *Lonicera xylosteum*; parfois dans les jardins, sur *Lonicera tatarica* cultivé; éclôt fin juillet. — H^te-Marne : Gudmont, assez commun!!; Auberive, abondant!. — Localisé dans la partie Sud-Est du bassin de la Seine.

O. populi Fabr. (p. 291). — Éthologie et métamorphoses : Trägårdh in *Arkiv f. Zool.*, VI [1910], mém. n° 7. — Observé en grand nombre à Saclas (S.-et-O.) sur les feuilles de vieux têtards de saule (*Salix alba*); juin à août!, octobre-novembre!.

*O. angustifrons** West in *Ent. Meddel.*, XI [1916-1917], p. 24. — V. Hansen, *Danmarks Fauna*, Snudebiller, p. 237. — W. Hubenthal in *Internat. Entom. Zeitschr.*, XIII, n° 26 (27 mars 1920).
Sur différentes espèces de *Salix*, notamment *S. viminalis* (Hansen) et *S. aurita*!!.
Pas-de-Calais : tourbières de Brimeux près Montreuil-sur-Mer, juin 1919!!.

---

(1) On peut soutenir que le genre *Orchestes* a été plutôt indiqué que décrit par Illiger en 1798, et que le nom de *Rhynchaenus* Clairv. doit prévaloir. Mais l'usage n'ayant pas sanctionné cette rectification, il n'y a aucun avantage à prolonger une polémique d'un très médiocre intérêt. (*J. S. C. D.*),

Tourbières des environs de Pontarlier, sur *Salix aurita*!!; Danemark; Allemagne du Nord, Silésie, Thuringe; Angleterre (N. H. Joy!!).

Obs. — Petite espèce voisine de l'*O. populi* par son funicule de 6 articles, mais ressemblant à s'y méprendre à l'*O. saliceti* Payk. avec lequel elle est en général confondue. Outre la structure des antennes, elle s'en distingue surtout par le fond du pronotum lisse entre les points, le calus huméral plus saillant et les élytres aplatis aur le dos, à stries moins profondes et interstries presque plans: les fémurs des deux premières paires sont en général moins obscurcis (¹).

O. saliceti Payk. (p. 292). — S.-et-O. : étang de S*-Cucufa près Rueil (Dubois). — Eure : Graveron (H. Portevin). — S.-Inf. : Fécamp, sur *Salix viminalis*!!. — Calv. : Caen; Louvigny; Ouilly-le-Basset (Fauvel). — Pas-de-Calais : étang de la Claire-Eau près Hardelot, sur *Salix aurita*!!.

O. rufitarsis Germ. (p. 292). — S.-et-O. : Beauchamp (Béraud-Villars!); hauteurs de l'Hautie (Ch. Brisout!). — S.-et-M. : Bois-le-Roi (Ph. Grouvelle!); Barbizon!. — Eure-et-Loir : forêt de Châteauneuf-en-Thimerais (Sédillot!). — Eure : Conches (Ph. Grouvelle!); Cailly-sur-Eure!. — S.-Inférieure : Yport!!. — Calv. : Toucques (Sédillot!). — Ardennes : [Lumes (Ch. Demaison)]. — Paraît manquer dans toute la partie Sud-Est du bassin de la Seine.

O. decoratus Germ. (p. 293). — S.-et-O. : Saclas, bords de la Juine!, Le Butard près Versailles (Dubois); forêt de Carnelle (J. Magnin). — Oise : Mareuil-sur-Ourcq (A. Seyrig!!); Beauvais!!. — S.-et-M. : Barbizon!. — H**-Marne : cours de la Marne, sur différents *Salix*, notamment *S. triandra*!!. — Eure : forêt d'Evreux (H. Portevin); Cailly-sur-Eure!, sur des rejets de *Populus nigra*!. — S.-Inf. : Bois-l'Abbé, près Eu!. — Calv. : Beuzeval (A. Seyrig!!).

O. fagi L. (p. 293). — Biol. : Pissot in *Le Naturaliste*, [1892], p. 191, fig.; Trägårdh (cf. supra).

O. scutellaris Fabr. (p. 293) = **O. alni** Linn., 1758, *Syst. Nat.*, éd. 10, p. 381 (²).

(1) Le caractère tiré de la largeur du front a été utilisé par les auteurs danois pour séparer l'*O. angustifrons* de l'*O. populi* et non de l'*O. saliceti*.

(2) Linné donne expressément son *Curculio alni* comme vivant sur l'« *Alnus betula* » (aujourd'hui *Betula alba*). Sa description s'applique bien à l'espèce des Bétulinées, laquelle abonde en Suède, où par contre l'espèce de l'Orme doit être absente ou fort rare, puisque Thomson (*Sk. Col.* VII, p. 282) déclare ne pas la connaître (J. S. C. D.).

Cette espèce est représentée dans le bassin de la Seine par deux races biologiques bien distinctes :

α. — *alni* L. (s. str.) et ab. *semirufus* Gyllh. — Sur les *Betula*. — Somme (L. Carpentier). — Eure : St-Mards (Degors!!). — Calv. : forêt de Cinglais; Vaux-de-Vire (Fauvel). — Hautes-Vosges!; Europe septentrionale et régions un peu froides de l'Europe tempérée.

β. — subsp. *scutellaris* Fabr. — Sur l'*Alnus glutinosa*! . — Yonne : Avallon! — Nièvre : Brassy (Méquignon!!). — Hte-Marne : [Chassigny (Clerc!)]. — Aisne : camp de Sissonne (G. de Buffévent!!); — Orne : Miserai, près L'Hôme!. — Calvados : commun (Fauvel). — Somme : bois de Lœuilly (L. Carpentier). — Descend beaucoup plus au Sud que la race précédente : littoral du département du Var!!; Portugal (Paulino d'Oliveira, J. S. Tavares!!).

O. pratensis Germ. (p. 294) (1). — *Waltoni* Curt., 1838. — Sur le *Centaurea jacea* L., dont la larve mine les feuilles! — S.-et-O. : Lardy!; Itteville!. — S.-Inf. : forêt d'Eu! — Eure : Pont-Audemer (Degors!). — Pas-de-Calais : environs de Boulogne-sur-Mer!!

[*O. cinereus* Fåhr. (pp. 126 et 293). — Espèce méridionale décrite de Dalmatie (2). — A rayer de la faune du bassin de la Seine et à remplacer par l'espèce suivante :

O. persimilis Reitt., 1911, in *Wien. Ent. Zeit.*, [1911], p. 279. — *cinereus* ‡ Bed. (non Fåhr.).

Coteaux calcaires; sur *Centaurea scabiosa*!; cf. *Ann. Soc. Ent. Fr.*, [1919], p. 297, nota.

Aux localités du bassin parisien déjà mentionnées sous le nom de *cinereus* (p. 294), ajouter :

S.-et-O. : Etrechy!!; côte de Saclas!. — Oise : hauteur de Coye!; Laigneville (Méquignon!). — Aisne : Soissons (G. de Buffévent!). — Marne : Ay; Avenay (Harez!). — Hte-Marne : côte de Bayard (Peschet); Gudmont!!; Auberive!. — Yonne : Mont-Marte près

---

(1) Le nom d'*Hemirrhamphus*, appliqué au groupe par Bedel, fait double emploi dans la nomenclature zoologique et a été changé par l'auteur en celui de *Pseudorchestes* (*L'Abeille*, XXVIII, p. 156).

(2) L'*O. cinereus* se reconnaît à la pubescence hérissée de son prothorax; son revêtement est en général d'un gris jaunâtre et non cendré comme l'indique le nom spécifique. Il remonte jusqu'au littoral de la Loire-Inférieure : St-Michel-Chef-Chef (E. de l'Isle!!). — En Provence et en Corse, il vit non sur des *Centaurea*, mais sur l'*Inula* (*Cupularia*) *viscosa*!!; cf. Abeille, in *Rev. d'Ent.* [1885], p. 156.

Avallon!. — Côte-d'Or : Montbard!. — Eure : côte d'Ezy!. — Somme
(L. Carpentier).

Indiqué par Reitter du Midi de la France, d'Espagne et même de
Tunisie ; cette dernière indication paraît douteuse.

Obs. — Très semblable à l'*O. pratensis* Germ. dont il diffère par
les fémurs postérieurs dépourvus d'angle dentiforme en dessous et
par les tibias postérieurs rectilignes.

Genre **Rhamphus** Clairv.

R. subaeneus Illig. (p. 295). — Biologie (mœurs) : Schenkling
in *Deutsche ent. Zeitschr.*, [1889], p. 388 ; (métamorph.) : Decaux in
Le Naturaliste, XV [1894], p. 238-239. — S.-et-M. : bornage de la
forêt de Fontainebleau à Barbizon (Dr Marmottan).

Obs. — Decaux (loc. cit.) considère le *R. subaeneus* comme une
forme « intermittente » du *R. pulicarius*. Il y a là une observation
intéressante à confirmer et à préciser s'il se peut.

Tribu **ANTHONOMINI**.

Genre **Anthonomus** Germ.

Révision : Desbrochers in *Le Frelon*, II [1893], pp. 106-127 ([1]).

A. rectirostris L. (p. 295). — Dans les Vosges, et probablement
ailleurs, les individus de cette espèce qui se développent dans les
noyaux du *Cerasus padus* sont plus petits, plus foncés et plus ternes
que ceux du *Cerasus avium*. Puton (ap. Bourgeois, *Cat. Col. Vosges*,
I, p. 497, nota) a décrit cette race sous le nom de v. *padi*. (*J.S.C.D.*).
— L'espèce se retrouve au Japon (*L. B.*).

A. varians Payk., 1792, *Mon. Curc.*, p. 16. — Bed., *Fne
Bass. Seine*, VI, p. 129.

Dans les plantations de Pin sylvestre, surtout sur les jeunes arbres ;
acclimaté dans le bassin parisien à partir des dernières années du
XIXe siècle et actuellement très répandu ; avril à juillet.

Obs. — La forme qui s'est propagée dans nos environs a toujours
le prothorax et les élytres roux et correspond à la var. *melanoce-
phalus* Fabr. et à la subv. *pyrenaeus* Desbr. (tête et rostre roux).

([1]) Cette nouvelle monographie ne vaut pas mieux que la première du
même auteur, si tant est qu'elle ne lui soit pas inférieure (*L. B.*).

Dans le Haut-Jura et à La Barthe. près Besse (Puy-de-Dôme), j'ai trouvé en abondance sur le *Pinus uncinata* croissant dans les tourbières une race naine de l'*Anthonomus varians*, d'une taille à peine supérieure à la moitié de celle des individus normaux. (*J. S. C. D.*).

A. *rubi* Herbst (p. 295). — Biologie (mœurs et métamorphoses) : Buddeberg in *Jahrb. Nassau Ver.*, XLI (sep., p. 3); Lesne in *Bull. Soc. ent. Fr.* [1905], p. 178. — Indépendamment des *Rubus,* l'insecte attaque les *Rosa canina* et *tomentosa*, et même les roses cultivées. Il a été signalé aussi comme nuisible aux fraisiers. Enfin une race naine (*comari* Crotch) vit dans les marais froids aux dépens du *Comarum palustre,* autre Rosacée herbacée; cette petite forme a été trouvée par Bedel à Chantilly et par moi-même à Hardelot (Pas-de-Calais). — (*J. S. C. D.*).

A. *pyri* Bohem. (p. 296). Biologie (mœurs) : Maisonneuve, *Recherches sur l'Anthonome du poirier*, Angers, 1892. — La ponte a lieu avant l'hiver, la larve se développe et se transforme dans les boutons floraux du poirier (*Pirus communis*); l'insecte éclôt en mai-juin. — Aussi en Transcaucasie : Lenkoran (Hénon!).

Obs. — En Normandie l'espèce n'est signalée que de la Seine-Inférieure : Darnetal (Mocquerys).

A. *rosinae* Des Goz. (p. 296). —S.-et-O. : St-Germain (Ch. Brisout!). — Yonne : Avallon, juin, très probablement sur *Prunus spinosa*! — Calv. forêt de Cinglais; Ouilly-le-Basset (Fauvel!); Tourville (Sédillot). — Somme : Guignemicourt (L. Carpentier!).

A. *Chevrolati* Desbr. (p. 296). — H^te-Marne : Gudmont!!. — Yonne : Avallon, sur *Crataegus oxyacantha*, juin!. — Eure-et-Loir : Chartres (Valentin!). — Calv. forêt de Cinglais; Percy; Mouen; Carville (Fauvel!).

A. *spilotus* Redt. (p. 297). — Vit exclusivement sur les *Pirus,* et parfois concurremment avec l'*A. pyri* Bohem., mais dans des conditions d'existence différentes. —S.-et-O. : Gif (Magnin!); Rambouillet (Ph. Grouvelle!). — S.-et-M. : Barbizon (Dr Marmottan!). — Oise : Ivry-le-Temple; Monts; Neuville-Bosc (L. Carpentier!): — Somme : Wailly (Delaby!). — Aube : Buccy (G. d'Antessanty). — Nièvre : Brassy (Méquignon!). — Calv. : Percy (Fauvel); Toucques (Sédillot!). — Aussi en Corse, en Algérie et au Maroc.

A. *pomorum* L. (p. 297). — Mœurs : Henneguy in *Ann. Inst. Agron.* [1891], p. 835. — Dans le Nord de la France, cette espèce vit exclusivement dans les boutons à fleurs du pommier ; elle attaque également ceux du poirier dans le Midi, notamment à Montpellier (F. Picard!).

A. rufus Gyllh. (p. 295). — S.-et-M. : plaine de Barbizon (Dr Marmottan! — Yonne : Avallon, type et v. *pruni* Desbr., pris ensemble en juin sur *Prunus spinosa*!. — Calvados : Monts d'Eraines ; Fresnay-le-Puceux (Fauvel).

Obs. — Chez *A. rufus*, le ♂ a le rostre cannelé.

A. (*Nothops*) elongatulus Bohem. (p. 298). — S.-et-O. : Buc (Daguin!); Brétigny (P. Marié). — Retrouvé abondamment à Fontainebleau sur un *Acer* du Polygone par MM. Duchaine et Gruardet.

A. (*Bradybatus*) subfasciatus Gerst. (p. 298). — S.-et-O. : Chaville (J. Magnin); Achères (Léveillé!); Presles (Dongé!). — Oise : abords et clairières de la forêt de Compiègne!. — Eure : Sᵗ-Mards-de-Blacarville ; La Rosaie ; Pont-Audemer (Degors). — Hᵗᵉ-Marne : Gudmont!!.

Genre **Brachionyx** (¹) (nom. em.) Schönh.

B. pineti (p. 299). — Actuellement très répandu, bien que médiocrement abondant, dans toutes les plantations de Pin sylvestre du bassin de la Seine.

Tribu **MAGDALINI.**

Genre **Magdalis** Germ.

Notes : K. Daniel in *Münchn. Kol. Zeitschr.*, I, p. 229 [1903].

Remplacer le tableau de la page 133 par le suivant, qui contient toutes les espèces françaises dont la validité et l'indigénat sont hors de discussion :

1. Dessus, rostre, antennes et pattes d'un roux châtain ; dessous presque toujours noir. Dent des fémurs postérieurs peu distincte ou effacée. Rostre presque aussi long que la tête et le pronotum réunis. — Long. 3,5-5,5 mm..   1. **rufa** Germ

— Téguments noirs ou métalliques........................   **2.**

(1) Correction déjà proposée par Agassiz et par Scudder, et absolument conforme à l'étymologie (*L. B.*).

2. Angles antérieurs du pronotum dilatés extérieurement en
un denticule aigu; les côtés légèrement râpeux en arrière
du denticule. Fémurs dentés. Interstries plans, mats,
beaucoup plus larges que les stries. Long. 3-4,5 mm...
.... 9. **armigera** Fourcr.
— Angles antérieurs du pronotum normaux ou légèrement
râpeux, mais sans denticule bien détaché.............. 4.

3. Fémurs armés d'une longue dent. Écusson déclive en avant,
légèrement enfoncé à l'extrême base des élytres......... 4.
— Fémurs inermes ou armés d'une très petite épine........ 12.

4. Pronotum portant vers les angles antérieurs un groupe
de reliefs râpeux. Stries des élytres profondes; interstries
étroits, convexes, un peu brillants. Insecte entièrement
noir. — Long. 3,5-6 mm................ 8. **carbonaria** L.
— Pronotum sans reliefs râpeux. Interstries plans. — Insectes
vivant sur les Abiétinées....................•............. 5.

5. Yeux convexes, proéminents. Insecte allongé, entièrement d'un bleu d'acier obscur, un peu plus vif sur les
élytres. — Long. 4,5-5 mm...... 2. **phlegmatica** Herbst.
— Yeux aplatis, non proéminents...................... 6.

6. Insecte entièrement d'un noir franc (1)................ 7.
—- Insecte bleuâtre ou verdâtre, au moins sur les élytres..... 10.

7. Élytres brillants; stries réduites à de fines rangées de
points; interstries beaucoup plus larges que les stries,
marqués de très petits points, alignés sur un rang ou deux.
Rostre à courbure peu accusée. — Long. 4-5 mm........
.... 3. **nitida** Gyll.
— Élytres plus ou moins mats. Rostre fortement incurvé... 8.

8. Épisternes et épimères du métathorax recouverts d'une
pubescence grise bien apparente, tranchant un peu sur le
fond noir du reste des téguments (2). Front marqué entre

(1) Chez le *M. nitida*, de même que chez certains petits ♂ du *M. memnonia*, les élytres présentent parfois un léger reflet violacé; en revanche, chez
certains individus du *M. duplicata*, la teinte métallique des élytres est peu
apparente.

(2) Le même caractère s'observe chez les *Magdalis* à élytres bleus, et
notamment chez le *M. duplicata*; mais, chez ce dernier, les interstries présentent une série très régulière de points bien détachés, qui permet de le
distinguer facilement du *M. punctulata*.

les yeux d'une petite fossette ponctiforme. Interstries larges,
très plans, leur ponctuation perdue dans un fond uniformément rugueux. — Long. 3,5-4,5 mm.   *punctulata Rey [1].

— Épisternes et épimères du métathorax sans pubescence spéciale. Front sans fossette punctiforme.....................   9.

9. Base des élytres fortement lobée de chaque côté de l'écusson, lequel se raccorde au calus huméral par une courbe
accusée. Stries des élytres composées de très gros points
quadrangulaires; interstries pas beaucoup plus larges que
les stries. — Long. 4-9 mm............:   4. **memnonia** Gyll.

— Base des élytres faiblement lobée de chaque côté de l'écusson, lequel se raccorde au calus huméral par une ligne à
peu près droite et perpendiculaire à la suture. Stries fines;
interstries larges, très plans, finement ponctués en série. —
Long. 3-4,5 mm.........................   * **linearis** Gyll.

10. Pronotum aussi long que large, fortement atténué en avant.
Base des élytres relevée en gouttière entre l'écusson et le
calus huméral; ceux-ci raccordés par une ligne à peu
près droite et perpendiculaire à la suture, ce qui fait paraître les épaules carrées. Stries des élytres consistant en de
simples rangées de points, dont les intervalles (dans le sens
longitudinal) sont dans le plan des interstries. — Long.
4-6 mm...........................:..............   5. **violacea** L.

— Pronotum nettement transverse, médiocrement atténué en
avant. Base des élytres non ou à peine relevée, lobée de
chaque côté de l'écusson et rejoignant le calus huméral
par une ligne oblique par rapport à la suture, ce qui fait
paraître les épaules obtuses. Stries des élytres creusées en
rainures et légèrement enfoncées même entre les points...   11.

11. Vertex à peine ponctué. Interstries plutôt granulés que
ponctués. Élytres d'un bleu vif. — Long. 4,5-6,5 mm.....
....   6. **frontalis** Gyll.

— Vertex nettement ponctué. Interstries à ponctuation normale. Élytres d'un bleu ou d'un vert très sombre. — Long.
3,5-4,5 mm.........................   7. **duplicata** Germ.

(1) Auvergne, Cévennes, Jura, Alpes; principalement sur l'*Abies pectinata*!!

12. Élytres bleu foncé. Rostre court, droit, pas plus long que la
tête. Antennes noirâtres, insérées tout près de la base du
rostre. — Long. 3-3,5 mm....... 10. **nitidipennis** Bohem.

— Élytres d'un noir franc.............................. 13.

13. Stries larges et peu profondes, crénelées de gros points et
laissant entre elles des interstries plans, à peu près de la largeur des stries. Pronotum court, angulé latéralement. —
♂, massue de l'antenne plus longue que le funicule. — Long.
3-4 mm.................... 12. **exarata** Ch. Bris.

— Stries fines, beaucoup plus étroites que les interstries, ou
profondes, mais avec les interstries convexes............ 14.

14. Écusson déclive en avant, sa base étant à un niveau infé-
rieur à celui des élytres. Pronotum court. Antennes noires.
Dessus d'un noir mat, interstries plans, densément granulés.
— ♂, massue de l'antenne villeuse, presque deux fois plus
longue que le funicule. — Long. 3-4 mm...... 13. **cerasi** L.

— Écusson horizontal et à peu près dans le plan de la base des
élytres... 15.

15. Pronotum portant de chaque côté, un peu en arrière du
milieu, une petite saillie conique. Rostre droit, pas plus long
que la tête. Base des antennes rousse. Interstries glabres.
— Long. 2,5-3,5 mm.................... 11. **ruficornis** L.

— Pronotum sans saillies spéciales....................... 16.

16. Fémurs antérieurs complètement inermes. Interstries pra-
tiquement glabres (¹). Antennes à base rousse. — ♂, massue
de l'antenne très développée, longuement villeuse, plus
longue que tout le reste de l'antenne; les deux derniers
articles du funicule dilatés et villeux comme la massue. —
Long. 3-4 mm.................... 14. **barbicornis** Latr.

— Fémurs antérieurs armés d'une très petite épine. Interstries
portant chacun une série de poils brunâtres, fins et couchés
en arrière. — ♂, antennes normales.................... 17.

17. Antennes entièrement noires. Pronotum nettement râpeux
aux angles antérieurs. Interstries convexes, un peu costi-

(1) On observe à un fort grossissement une série de poils très courts et
d'une extrême ténuité.

formes. Élytres assez brillants. — Long. 3 - 3,5 mm. . . . .
. . . . **17. stricta** Desbr.

— Antennes au moins en parties testacées. Pronotum non ou à
peine râpeux sur les côtés. Interstries plans, rugueux ; ély-
tres mats. . . . . **18.**

18. Antennes entièrement testacées ; 3ᵉ strie reliée en arrière à
la 6ᵉ. — Long. 2,5 - 3,5 mm. . . . . **15, flavicornis** Gyll.

— Antennes rousses à la base seulement ; 3ᵉ strie reliée en
arrière à la 8ᵉ. — Long. 2,5 - 3,5 mm. . . **16. quercicola** Weise.

(*J. S. C. D.*)

Groupe I (*Magdalis* s. str. K. Dan.).

M. rufa Germ. (p. 299). — Insecte d'origine méridionale, acclimaté de longue date dans le bassin parisien, mais ne paraissant guère
s'y multiplier. — Seine : Vincennes (Jekel, 1856). — S.-et-O. :
Lardy! ; Saclas! ; La Ferté-Alais!. — Aisne : camp de Sissonne (G.
de Buffévent!!). — Marne : Cernay ; Châlons-sur-Vesle (Lajoye).
— Hᵗᵉ-Marne : Chevillon (Peschet) ; [Chassigny (Clerc!]. — Somme :
Montdidier (Colin!).

M. phlegmatica Germ. (p. 133). — Biologie : Xambeu, 1906,
in *Le Naturaliste*. XXVIII, p. 128.

Sur les branches sèches de *Pinus sylvestris*, dans lesquelles il se
développe ; mars à juin.

Espèce d'introduction récente, mais en voie de propagation rapide.
— S.-et-O. : Sèvres (Peschet) ; Saclas, abondant en 1918 ! — S. et-
M. : forêt de Fontainebleau (Gruardet, 1902). — Oise : forêt de
Compiègne, 1897!). — Aisne : Soissons (G. de Buffévent, 1910!!).
— Yonne : Collan près Tonnerre (R. Comon, 1913). — Marne :
Pontfaverger ; Ludes ; Thuisy ; Châlons-sur-Vesle (Bellevoye!) ;
Avise (Ch. Demaison) ; signalé dès 1896. — Hᵗᵉ-Marne : Eurville
(Peschet). — Somme : bois du Petit-Léon ; bois de Dury ; forêt de
Wailly ; bois de la Longue-Remise (Carpentier, à partir de 1897!).

Signalé dès 1900 dans les plantations de Pin noir d'Autriche du
département de l'Allier, à Orléans (Agnus!, 1906) et jusque dans la
Sarthe (E. Monguillon!!).

Europe septentrionale, y compris la Grande-Bretagne ; montagnes
de l'Europe centrale, Alpes, Pyrénées, Guadarrama.

Obs. — La var. *macrophthalma* Reitt., à interstries pour la plupart unisérialement ponctués, accompagne le type dans la région parisienne. Cette modification serait-elle sexuelle?(*L. B.*).

***M. nitida** Gyllh., *Ins. Succ.*, IV, p. 261.

Se développe dans les rameaux de l'Épicéa (*Picea excelsa* Link,); accidentel dans le bassin de la Seine où son arbre nourricier n'existe qu'à l'état de plantations peu étendues.

Marne : parc de Hautefontaine près Ambrières, sur de très vieux Epicéas, mai 1904, un individu!!. — H^{te}-Marne : Eurville, mai 1909, un individu (Peschet!).

Longwy (coll. Hustache!!); Europe septentrionale et montagnes de l'Europe tempérée jusqu'aux Alpes maritimes!!.

M. memmonia Gyllh. (p. 300). — Vit (dans le bassin de la Seine) dans les plantations de Pin sylvestre où il est acclimaté de longue date, mais peu abondant; plus fréquent dans la zone méditerranéenne sur les espèces méridionales du genre *Pinus* : P. *halepensis, maritima*, etc.; aussi en Algérie.

Obs. — C'est par erreur que le *M. linearis* Gyllh. a été signalé de la Marne par Bellevoye et de la région parisienne par Desbrochers. L'espèce existe en France dans les Alpes-Maritimes (Hustache), les Basses-Alpes (P. de Peyerimhoff!!), les environs de St-Etienne (Minsmer!!) et le Beaujolais (Pic); je l'ai prise en outre autour de Pontarlier sur le *Pinus uncinata* croissant dans les tourbières.   (*J. S. C. D.*).

M. violacea L. (p. 300). — K. Daniel, l. c., p. 244.

Sur l'Epicéa (*Picea excelsa*); se tient fréquemment sur le feuillage des jeunes Bouleaux croissant en mélange avec son essence nourricière(cf. Heikertinger in *Wien. ent. Zeit.*, [1912], p. 217).

Oise : forêt de Compiègne (Ph. Grouvelle!!). — H^{te}-Marne : Roocourt-la-Côte, juin 1904!!.

***M. frontalis** Gyllh., 1827, *Ins. Succ.*, IV, p. 558. — K. Daniel, l. c., p. 244. — *violacea* Bed., 1881 (pars).

Dans les jeunes plantations de Pin sylvestre et de Pin noir d'Autriche; se développe dans le canal médullaire des pousses terminales!!. — Actuellement assez répandu et en voie de multiplication dans le bassin de la Seine, surtout vers l'Est et le Sud-Est!!.

Groupe II (*Magdalinus* K. Dan.).

M. carbonaria L. (p. 300). — Biologie : R. Hislop in *Ent. Monthly Mag.*, IX [1872], p. 39; J.-J. Kieffer in *Bull. Soc. Hist. Nat. Metz*,

sér. 2, XVII [1887]. — Se développe dans les branches supérieures
dépérissantes du *Betula alba*; la larve creuse sous l'écorce des galeries longitudinales sinueuses, longues de 5 à 6 centimètres et larges
de 2 à 3 millimètres; apparaît surtout en mai. — S.-et-O. : plateau de
l'Ardenay près La Ferté-Alais! — S.-et-M. : forêt de Fontainebleau
(Bonnaire!). — Oise : forêt de Compiègne! — H^{te}-Marne : Chevillon!!. — Ardennes : [Lumes (Ch. Demaison)]. — S.-et-Loire : forêt
de St-Prix (Champenois!).

Groupe III (*Edo* K. Dan.).

M. *nitidipennis* Bohem. (p. 302). — Mœurs : Weise in *Deutsche
ent. Zeitschr.* [1887], p. 368. — Sous les vieux *Populus nigra*, d'où
il ne tombe guère que par les jours de grand vent!. — Assez répandu
aux environs immédiats de Paris, notamment à Colombes, Chaville,
Rueil, Guillerval, Saclas, Courcelles, Presles, etc. — Oise : Mello
(Seillière!). — S.-et-M. : lisière de la forêt de Fontainebleau à
Chailly (Marmottan!), — Aisne : Soissons (G. de Buffévent!!).
— Marne : Ay (Harez!). — Aussi en Asie Mineure (teste K. Daniel).

Groupe IV (*Neopanus* Reitt.).

M. *exarata* H. Bris. (p. 302). — S.-et-O. : La Ferté-Alais!. — S.-et-
M. : forêt de Fontainebleau (Dr Marmottan!); Nangis (Champenois!). — Oise : forêt de Compiègne!. — Pas-de-Calais : forêt d'Hardelot, sur des chênes à branches basses, en bordure des dunes!!.

Groupe V (*Panus* K. Dan.).

M. *barbicornis* Latr. (p. 301). — Vit dans la forêt de Compiègne
sur le *Sorbus aucuparia*!; mai, juin.

Groupe VI (*Panopsis* K. Dan.).

M. *quercicola* Weise (p. 301). — S.-et-M. : Nangis (Champenois!). — Aube : Lusigny (G. d'Antessanty!). — H^{te}-Marne :
Gudmont!!.

***M. stricta** Desbr., 1905, in *Le Frelon*, XIII (*Magdal.*, p. 49).
Obtenu d'éclosion à Gudmont (H^{te}-Marne), où il sortait très probablement de branches sèches de charme (*Carpinus betulus*)!!.
Aussi en Provence : Mont Ventoux, sur de vieux hêtres (Chobaut!!); Mont Agel au-dessus de La Turbie, probablement sur l'*Os-
trya carpinifolia* Scop.!!. — Cf. *L'Abeille*, XXXI, p. 144.

Tribu **COTASTRINI** ([1]).

Genre **Cotaster** ᵗsch., 1851.

**C. uncipes* Bohem., 1838, ap. Seïdlh., *Gen. Sp. Curc.*, IV, p. 1055.

Insecte de 2,5 mm. environ, d'un brun ferrugineux, assez étroit; rostre épais, de la longueur du corselet; ce dernier couvert de gros points superficiels; élytres sans calus huméral; stries grossièrement ponctuées, les intervalles impairs hérissés de soies squamiformes.

Forêts froides et accidentées, sous les mousses et dans le terreau au pied des arbres d'essences feuillues (noisetier!, hêtre!, chêne!!).

Oise : forêt de Compiègne, près de l'étang de Sᵗᵉ-Périne, sous un fagot de hêtre, juillet 1896 (Ph. François!). — Aisne : lisière de la forêt de Villers-Cotterets, près Longpont, dans une sablière, après un violent orage, juillet 1905, 3 individus!.

Ain : montagnes du Bugey! et pays de Gex!!; montagnes de l'Europe centrale; Apennin.

Tribu **TRACHODINI**.

Genre **Trachodes** Germ.

T. hispidus L. (p. 303). — Vit dans les menues branches de *Betula, Fagus* et *Quercus* abattus ou mis en fagots!. — En réalité répandu dans tout le bassin de la Seine, y compris la Normandie.

Tribu **CRYPTORRYNCHINI**.

Revision (espèces paléarctiques) : Meyer, *Best.-Tab.*, XXIV.

Genre **Gasterocercus** Lap. et Br.

G. depressirostris Fabr. (p. 304). — S.-et-O. : forêt de Sᵗ-Germain, entre Achères et Maisons-Lafitte (G. Odier, 1906); bois de Sᵗ-Cucufa, un individu (Hoffmann). — S.-et-M. : repris dans la forêt de Fontainebleau (Gruardet!). — Aussi dans l'Allier (H. du Buysson!!) et en Touraine : forêt de Loches (Méquignon!!).

(1) Le genre *Cotaster* Motsch., inséré dans la 1ʳᵉ édition parmi la tribu des *Cossinini*, figure dans le tableau de la page 193. Bedel, dans le manuscrit de son Supplément, le range, sans en donner la raison, dans une tribu spéciale voisine des *Trachodini* et *Cryptorrhynchini*. (J. S. C. D.).

Genre **Cryptorrhynchus** Ill.

C. lapathi L. (p. 304). — Biologie : Scheidter in *Naturw. Zeitschr. f. Forst.*, XI [1913], p. 279; Webster in *Rep. of the Ent. Soc. Toronto*, [1901], p. 68, fig. — Exceptionnellement sur *Alnus glutinosa*! [1]. — Importé récemment dans l'Amérique du Nord.

Genre **Acalles** Steph. [2].

.Revision (espèces paléarctiques) : A. et F. Solari in *Ann. Mus. Civ. Genova*, [1907], p. 479-552.

A. camelus Fabr., 1792 (p. 304) = **A. nodulosus** Piller, 1783, *Iter Poseg. Sclavon.*, p. 84, tab. 7, fig. 7 et 17; cf. Bed. in *L'Abeille*, XXVII, p. 295 et 300. — H^{te}-Marne : Auberive, sur des tas de bois de hêtre abandonnés après deux ans de coupe!!.

Obs. — Les individus cités des environs de Gien (V. Pyot!!) proviennent plus exactement du Rochoir (Loiret). L'espèce y a été prise en nombre, en compagnie des deux suivantes, dans des fagots de chêne laissés intentionnellement sur place.

A. hypocrita Bohem. (p. 305). — Oise : Verneuil près Creil, un individu (Méquignon!. — Aisne : forêt de Villers-Cotterets (G. de Buffévent!!). — H^{te}-Marne : Gudmont!!; Auberive!!.

A. Aubei Bohem. (p. 305). — Dans les branches mortes du Chêne et du Hêtre. — Yonne : bois d'Avallon!. — Côte-d'Or : Montbard!!. — H^{te}-Marne : [Chassigny (Ch. Clerc!)].

A. ptinoïdes Marsh. — S.-et-O. : bois de Fausses-Reposes (A. Dubois); Boissy-St-Léger (A. David!). — S.-et-M. : Combs-la-Ville!!; forêt de Fontainebleau!!. — Aisne : Chassemy (G. de Buffévent!). — A l'encontre de la plupart de ses congénères, ce petit *Acalles* est particulièrement répandu dans l'Europe occidentale, depuis le S.-O. de la Norwège jusqu'aux Asturies. Des observations concordantes de

---

(1) Une petite race de la même espèce attaque l'*Alnus incana* dans les Grisons (*L. B.*).

(2) Aux espèces françaises comprises dans le tableau de la page 140 il faut ajouter les trois suivantes :

A. Hénoni Bed., dont une variété (*Portus-Veneris* May.) a été trouvée à Port-Vendres (V. Mayet!) et aux environs de Castres (Galibert!!).

A. albopictus Jacq. (Drôme, Basses-Alpes, Alpes-Maritimes!!).

A. (Trachodius) tibialis Weise (Alpes-Maritimes!!) (*J. S. C. D.*).

V. Hansen, de Ths. Munster, et des miennes, il paraît résulter
que l'*A. ptinoides* se trouve plutôt dans les landes de bruyères que
dans les bois, et qu'il se développe peut-être dans les tiges sèches de
Calluna vulgaris (*J. S. C. D.*).

A. echinatus ‡ Bed. (non Germ. (¹). — Lisez *turbatus* Bohem.,
1844. — Vit aussi dans les branches mortes du *Crataegus oxyacantha*
où je l'ai pris en nombre à Avallon. Très variable de taille (*L. B.*).

Tribu **MECININI**.

Notes : Desbrochers in *Le Frelon*, II, part. 2, p. 1-36, et III,
part. 1, p. 37-68. — Révision : Reitter, *Best.-Tab.*, LIX [1907]. —
Biologie de plusieurs espèces cécidogènes : J.-J. Kieffer in *Feuille
J. Nat.*, XXII [1892], p. 54-59, fig.

Genre **Miarus** Steph.

Remplacer le tableau de la page 144 par le suivant, qui contient sept
espèces au lieu de trois (*J. S. C. D.*) :

1. Insecte subarrondi ou ovalaire........................... 2.

— Insecte allongé; côtés des élytres en grande partie parallèles.
   Interstries unisérialement ponctués, sauf le premier ou les
   deux premiers. Écusson long et étroit. — Long. 2-3 mm.
   .... 7. **plantarum** Germ.

2. Squamules dorsales courtes, très fines, appliquées contre les
   téguments. Fémurs postérieurs allongés, nullement en
   massue. — ♂, dernier sternite creusé d'une excavation pro-
   fonde, glabre, limitée de chaque côté par une saillie aiguë.
   — Long. 2-3,5 mm................................... 3.

— Squamules dorsales longues, rudes et plus ou moins relevées,
   au moins sur la moitié postérieure de la suture. Fémurs
   postérieurs courts, un peu renflés. — ♂, dernier sternite
   sans caractères spéciaux............................... 4.

3. Rostre du ♂ presque droit, atteignant (dans la position de
   contraction) le milieu du métasternum; rostre de la ♀ abso-

---

(1) L'*A. echinatus* Germ., décrit de Carniole, est une espèce distincte
de l'*A. turbatus* Bohm., et jusqu'à présent non française.

lument rectiligne et très long, atteignant (dans la position
de contraction) le bord postérieur du premier sternite. Calus
huméral saillant; élytres subparallèles en arrière des épaules.
.... 1. **Abeillei** Desbr.

— Rostre légèrement recourbé dans les deux sexes et ne dépassant pas (dans la position de contraction) la partie antérieure du métasternum. Calus huméral peu saillant; côtés
des élytres légèrement curvilignes........ 2. **campanulae** L.

4. Pronotum médiocrement transverse, à côtés subparallèles
vers la base. Élytres subparallèles dans leur première moitié,
un peu aplatis sur le dos. Fémurs postérieurs sans trace
d'angle ni de dent. — Long. 1,6-2 mm..... 6. **micros** Germ.

— Pronotum très court, s'élargissant progressivement jusqu'à la
base. — Long. 2-4 mm............................... 5.

5. Revêtement des élytres composé de squamules piliformes re-
dressées, se terminant chacune en une pointe aiguë (♀) ou
en un long prolongement sétacé (♂); revêtement du pronotum composé de poils fins, arqués et légèrement hérissés,
très visibles à l'extérieur du contour apparent. Fémurs postérieurs armés d'une épine assez forte. — Long. 2,5-4 mm.
.... 5. **graminis** Gyllh.

— Revêtement des élytres composé de squamules couchées, at-
ténuées en arrière, mais non terminées en une pointe aiguë;
revêtement du pronotum composé de squamules analogues à
celles des élytres et simplement un peu plus fines......... 6.

6. Revêtement médiocrement dense, d'un gris cendré clair
Élytres ovalaires, très régulièrement arrondis sur les côtés.
Fémurs postérieurs armés d'une petite épine. — ♀, rostre
médiocre, subégal à la tête et au pronotum réunis. —
Long. 2,5 mm.......................... 4. **Degorsi** Ab.

— Revêtement très dense, d'un jaune olivâtre clair. Fémurs postérieurs légèrement échancrés vers l'extrémité, mais sans
angle ni épine. — ♀, rostre long et grêle, notablement plus
long que la tête et le pronotum réunis. — Long. 2,5-3,5 mm.
.... 3. **distinctus** Bohem.

* **M. Abeillei** ** Desbr., 1893, in *Le Frelon*, II, Gymnetr., p. 17
et III, p. 52 ([1]).

(1) La description de l'auteur est peu satisfaisante; elle est matérielle-
ment erronée en ce qui concerne le ♂; cf. *L'Abeille*, XXX, p. 202 (*J. S. C.
D.*).

Coteaux calcaires arides. Se développe dans les capsules de *Campanula glomerata* L.; l'accouplement a lieu en mai et les ♀ persistent jusqu'aux premiers jours d'août. — *RR.*

S.-Inf^re : coteaux d'Orival, entre Elbeuf et Rouen, en nombre (A. Degors!!).

Doubs : Osse!!; Isère : St-Julien-de-Raz (Sérullaz!); Hautes-Alpes (Dr Guédel); col du Lautaret, sur *Campanula thyrsoides* L. (Dr A. Clerc!); Basses-Alpes : montagne de Lure (Rizaucourt, coll. Abeille, types!!), Seynes (Pic!!); Vaucluse : Apt (Abeille!!), Mt Ventoux (Chobaut!!); Alpes-Maritimes : Grasse!!; Suisse : Bienne (Mathey, coll. Hustache!!); Fribourg (Guillebeau, coll. Abeille); Moravie (coll. Bedel).

M. campanulae L. (p. 306). — Larve observée dans les ovaires de *Campanula ranunculoides* et des *Phyteuma orbiculare* et *spicatum* (Ross; cf. *Ent. Blätt.*, [1917], p. 57); dans ceux de *Campanula trachelium* (J.-J. Kieffer, l. c.). — Yonne : St Florentin (La Brûlerie!); Coulanges-la-Vineuse; Escolives; Val-de-Mercy (Dr Populus); Vaux-de-Lugny!. — Côte-d'Or : Montbard!. — Hte-Marne : Gudmont!!; Auberive!. — Calv. : Fresney-le-Puceux (Dubourgais). — Orne : [environs d'Alençon, dans les fruits gonflés du *Phyteuma spicatum* L. (Houard!)]. — Très abondant sur les *Phyteuma* dans les Vosges et le Jura!!,

* **M. distinctus** Bohem. ap. Schönh., *Gen. Sp. Curc.*, VII, p. 187. — Reitt., l. c., p. 45. — *salsosae* Ch. Bris.
Biologie inconnue.

Hte-Marne : Gudmont, août 1907, un ♂!!.

Départements du Var et des Alpes-Maritimes, assez répandu!!; Suisse, Italie, Caucase, Transcaucasie, Perse.

* **M. Degorsi** ** Abeille, 1906, in *Bull. Soc. ent. Fr.*, [1906], p. 171.

Coteaux calcaires arides; trouvé constamment par A. Degors et par moi-même dans les fleurs du *Campanula glomerata* L.!!; juillet, août.

S.-Inf^re : coteaux d'Orival, avec *M. Abeillei* Desbr. (A. Degors!!). — Hte-Marne : coteaux de la rive gauche de la Marne, entre Gudmont et Donjeux, juillet-août 1907!!.

Jura : Dôle (Hustache!!).

OBS. — Reitter (*Faun. Germ.*, V, p. 232) décrit d'Autriche, sous le nom de *M. graminis* v. *subuniseriatus*, un insecte dont les caractères coïncident remarquablement avec ceux du *M. Degorsi*.

***M. micros** Germ., 1821, *Magaz.*, IV, p. 309.

Friches arides; sur le *Jasione montana* L.!. — **R.**

Yonne : pentes de la vallée du Cousin à Avallon!, juin. — Calv. : vallée de l'Odon, à Mouen (Fauvel!).

Côte sud de la Grande-Bretagne, notamment falaises du comté de Cornwall, où il vit également sur *Jasione montana* (J.-H. Keys, E.-M. Butler!!); île de Jersey; France occidentale et méridionale, Allemagne du Sud.

Obs. — Les individus d'Angleterre et du Finistère : Morlaix (E. Hervé!!) diffèrent de ceux du Midi par leur taille un peu plus robuste et par la pubescence plus longue et plus relevée (*J. S. C. D.*).

M. plantarum Germ. (p. 306). — D'après d'anciennes observations publiées par Perris et reproduites par la plupart des auteurs, cette espèce passe pour se développer dans les capsules de *Linaria* (*L. vulgaris* en France, *L. triphylla* en Corse). Je suis convaincu que ce renseignement est erroné, et qu'il repose sur une confusion avec un *Gymnetron* du groupe d'*antirrhini*. J'ai pris de nombreux *M. plantarum* dans des localités où ne croissait aucun *Linaria*; enfin, en septembre 1913, à Gudmont (H^{te}-Marne), j'en ai recueilli directement plusieurs individus sur le *Phyteuma orbiculare* L. Le *M. meridionalis* Ch. Bris., extrêmement voisin du *plantarum*, a d'ailleurs été observé en Algérie sur *Campanula rapunculus* L. (Cf. P. de Peyerimhoff in *Ann. Soc. ent. Fr.*, [1915], p. 58) (*J. S. C. D.*)

Genre **Mecinus** Germ. (¹).

Mecinus + Gymnetron Reitt., l. c.

Biologie (espèces cécidogènes) : J.-J. Kieffer in *Feuille J. Nat.*, XXII (1892), p. 48-59, fig.

***M. asellus** Grav., 1812, *Ueb. Zool. Syst.*, p. 203. — H. Bris. in *Ann. Soc. ent. Fr.*, [1862], p. 645.

Larve dans les tiges de divers *Verbascum*, sur lesquelles elle détermine, suivant V. Mayet (*Cat. Col. Alb.*, p. 85) une galle un peu allongée, de la grosseur d'un gros pois.

---

(1) La réunion en un seul genre des *Gymnetron* Schonh. et des *Mecinus* Germ., proposée par Bedel en 1881, me parait suffisamment motivée pour être maintenue. Le *M. elongatus* Ch. Bris., que Desbrochers et Reitter classent parmi les *Gymnetron*, présente les caractères qu'ils attribuent aux *Mecinus* vrais et fait la jonction entre les deux groupes (*J. S. C. D.*).

H^te-Marne : Langres (E. Royer!!).

France centrale et méridionale, Europe méridionale et orientale, Asie Mineure.

Obs. — Grande espèce voisine du *teter* Fabr., mais bien distincte par sa forme plus allongée et son rostre excessivement long, surtout chez la ♀.

M. teter Fabr. (p. 307). — Manque en Normandie d'après Fauvel.

M. netus Germ. (p. 307). — S.-et-O. : plaine des Mureaux (A. Dubois); Gif (Magnin!). — Eure : Menilles (H. Portevin). — Yonne : Coulanges-la-Vineuse; Vincelles (Dr Populus). — H^te-Marne : Nogent-en-Bassigny, sur *Linaria striata*!!.

M. bipustulatus Rossi (p. 307). — Yonne : Avallon (La Brûlerie, coll. Sédillot!).

M. melas Bohem. (p. 308). — Yonne : Sens (Loriferne); Vincelles (Dr Populus). — H^te-Marne : Gudmont!!. — Calv. : monts d'Eraines; Verson (Fauvel). — Orne : Crulai (id.). — Eure : Fours-en-Vexin (Dr A. Clerc!).

M. herbarum Ch. Bris. (p. 308). — Observé en Algérie sur *Linaria spuria* (P. de Peyerimhoff). — S. et S.-et-O. : La Varenne!; Meudon (J. Magnin!); Brétigny (P. Marié!). — H^te-Marne : Eurville!!. — Marne : forêt de Trois-Fontaines!!. — Calv. : Fresney-le-Puceux; Percy; monts d'Eraines (Fauvel). — Somme : Longpré-lès-Amiens (L. Carpentier). — Pas-de-Calais : Auchel (Faucillon!!).

M. collinus Gyllh. (p. 308). — S. et S.-et-O. : La Varenne!; Itteville!. — Oise : Monts (L. Carpentier!). — Aisne : Sissonne (G. de Buffévent!). — Somme : bois de Cagny; Boutillerie (L. Carpentier!). — Eure : Menilles (H. Portevin). — Calvados : Fresney-le-Puceux (Fauvel). — Toutes ces localités, ainsi que celles énumérées p. 308, sont concentrées dans les parties Nord et Ouest du bassin de la Seine, à l'exclusion de la Champagne et de la Bourgogne (*J. S. C. D.*).

M. linariae Panz. (p. 308). — Biologie : J.-J. Kieffer, l. c., p. 54 et 59. — Aussi en Portugal sur le *Linaria Tourneforti* (R. P. Tavares!).

M. collaris Germ. (p. 309). — Cécidie : Houard, *Céc. Pl. eur.*, p. 854. — S. et S.-et-O. : fortifications de Paris entre Passy et Auteuil (Dr Marmottan, olim); St-Michel-sur-Orge (Mme Magnin, Pionneau). — Calvados : Amfreville; Merville; Ranville (Fauvel). — Aussi à

Guernesey (Luff); côtes de Vendée, sur *Plantago maritima*, août 1913!!; Cognac!; côtes du Portugal, sur *Plantago coronopus* (R. P. Tavares).

M. elongatus H. Bris., 1862, in *Ann. Soc. ent. Fr.*, [1862], pp. 629 et 638.

Mœurs inconnues. — *RR.*

Calvados : falaises de Longues près Arromanches, au bord du « Trou-sans-fond » (A. Fauvel!!); mai, deux individus,

Gascogne; Hautes et Basses-Pyrénées (Ch. Brisout!!, etc.).

M. villosulus Gyllh. (p. 309). — Biologie (cécidie) : J.-J. Kieffer, loc. cit., pp. 58 et 59, fig. 4; Houard in *Marcellia* [1905], p. 41, fig. — Seine : Gentilly (Dongé!); marais de Bonneuil (A. David!). — Oise : Coye (J. Magnin!). — Pas-de-Calais : Berck-sur-Mer (Des-tréez). — Yonne : Sens (Loriferne). — Toute l'Europe occidentale du Danemark à l'Espagne et au Portugal (Trotter!); Europe centrale, à l'Est jusqu'en Transylvanie.

Obs. — Les cécidies déterminées par la larve du *M. villosulus* dans les fleurs de *Veronica anagallis* et *anagalloides* sont presque globuleuses; elles restent vertes jusque vers le milieu de l'été, au moment de la transformation. On y trouve souvent un Hyménoptère parasite à la place du Curculionide (*L. B.*)

M. beccabungae ‡H. Bris., Bed., Reitt. (non L.) = **M. veronicae** Germ., 1821, *Mag. ent.*, IV, p. 306. — Seidl., *Fauna balt.*, ed. II, p. 648. — V. Hansen, *Danm. Fauna, Snudebiller*, pp. 242 et 244. — Observé (au Creusot) sur *Veronica anagallis*!!; J.-J. Kieffer (l. c.) attribue au « *G. beccabungae* » une larve qui vit dans les boutons à fleurs du *V. beccabunga*, en provoque le gonflement et les empêche de s'ouvrir.

***M. beccabungae** L., 1761, *Fn. Succ.*, p. 179. — Seidl., ibid. — V. Hansen, ibid. — Hubenthal in *Ent. Blätt.* [1920], p. 96 (Syn.). — *squamicolle* Reitt., l. c., p. 31. — Künnemann in *Ent. Blätt.* [1918], p. 101.

Haute-Marne : environ de St-Dizier!!.

Finistère (Hervé!!); Loire-Inférieure (E. de l'Isle!!); Finlande, États baltiques, Scandinavie, Danemark, Allemagne du Nord, Grande-Bretagne et Irlande.

Obs. — Les deux espèces qui précèdent, fréquemment confondues, peuvent être aisément séparées à l'aide du tableau suivant :

Pronotum beaucoup plus étroit que les élytres, très atténué en
avant et pas du tout rétréci en arrière ; revêtement squa-
meux du pronotum assez ténu et limité à la région latérale ;
soies des interstries visibles de profil....... **veronicae** Germ.

Pronotum (dans sa plus grande largeur) à peine plus étroit que
les élytres aux épaules ; côtés très arrondis, visiblement con-
vergents vers la base ; revêtement du pronotum composé de
squamules rondes, très serrées, couvrant à peu près toute la
surface ; soies des interstries très fines, couchées, non visibles
de profil.......................... **beccabungae** L.

M. erinaceus Bed. (p. 310). — Desbr., l. c., p. 39. — Biologie :
Bedel in *Bull. Soc. ent. Fr.*, [1912], p. 390. — Provoque sur les
tiges et accidentellement sur les feuilles ([1]) du *Veronica spicata* L.
une cécidie uniloculaire dans laquelle il se transforme ; éclôt en
automne. — S.-et-M. : repris à plusieurs reprises dans la forêt de
Fontainebleau (Duchaine!, Dr Bettinger!, Gruardet!!). —
Marne : une fois accidentellement dans une rue de Reims (Lajoye).
— Ile de Ré (Bonnaire!); Hollande (Everts); Irkoutsk (coll.
J. Faust, d'après Desbrochers).

M. melanarius Germ. (p. 310). — Somme : forêt de Crécy!. —
Calvados : Mouen (Fauvel). — Pas-de-Calais : dunes d'Hardelot!!. —
Principalement répandu dans le Nord du bassin de la Seine et dans
la partie maritime. — Aussi en Angleterre (N. H. Joy!!, etc.).

M. stimulosus Germ. (p. 310). — S.-et-O. : Pierrelaye, à la
station de Montigny!. — La validité de cette espèce, contestée par
Desbrochers et par Reitter, est effectivement assez douteuse.

Obs. — On pourrait découvrir dans le bassin de la Seine le *M. aper*
Desbr., que j'ai pris aux environs de Châteauroux. Il est caractérisé
par les soies hispides extrêmement longues qui garnissent la tête, le
pronotum et surtout les élytres (*J. S. C. D.*).

M. rostellum Herbst. (p. 310). — Bedel dit l'avoir pris à Lardy
S.-et-O.) sur le *Plantago major* L.; J.-J. Walker (*Ent. M. Mag.*,
1910], p. 31) qui l'a capturé en nombre aux environs d'Oxford,
attribue sa présence à celle du *Veronica officinalis* L., ce qui est peut-
être plus vraisemblable (*J. S. C. D.*).

(1) En 1913, c'est-à-dire postérieurement à la note de Bedel, M. J. Duchaine a extrait d'une cécidie située sur une *feuille* de *Veronica spicata*
un individu adulte du *M. erinaceus* (*J. S. C. D.*).

M. circulatus Marsh. (p. 311). — S.-et-O. : Boissy-St-Leger
(A. David!); La Ferté-Alais!; Saclas!. — Aisne : Soissons (G. de
Buffévent!). — Yonne : Châtel-Censoir (Cotteau).

M. piraster Herbst. (p. 311). — La larve provoque sur les tiges
du *Plantago lanceolata* un renflement fusiforme (J.-J. Kieffer).

M. dorsalis Aubé (p. 311). — Se développe dans une cécidie au
collet ou sur les racines de diverses espèces du genre *Linaria* :
L. supina Desf. aux environs de Paris, *L. striata* L. en Champagne!!, *L. thymifolia* D. C. sur les côtes de Vendée!!, *L. triorni-
thophora* Willd. et *L. Tourneforti* Poir. en Portugal (R. P. Tavares). — S. et S.-et-O. : plaine de la Varenne!; Boissy-St-Léger
(A. David!); Valenton (E. Dongé!); Brétigny (P. Marié!); Lardy
(Ch. Bris.!); Itteville!; La Ferté-Alais!. — S.-et-M. : plaine de
Chailly (Dr Marmottan!). — Oise : Ivry-le-Temple (L. Carpentier!). — Marne: Châlons-sur-Vesle (Dr Bettinger); forêt de Troisfontaines!!. — Hte-Marne : forêt du Val!!. — Eure : Cailly-sur-Eure!.
— Somme : Blangy-Tronville; Boutillerie (L. Carpentier). — Aussi
dans l'Ouest et le Midi de la France et en Portugal.

M. longiusculus Bohem. (p. 312). — Sur les *Linaria striata* et
supina!; observé aussi en Portugal dans une cécidie de la tige de
Simbulata (Anarrhinum) bellidifolia Wettst. (R. P. Tavares) et en
Algérie sur un *Anarrhinum* (P. de Peyerimhoff). — S.-et-O. :
Sucy-en-Brie (A. David!); Rueil (Jeanson); La Ferté-Alais!. —
Marne : Châlons-sur-Vesle (Dr Bettinger). — Somme : Montchel
près Montdidier, un individu (E. Colin). — Aussi dans le Nord de
l'Afrique.

M. janthinus Germ. (p. 312). — Biologie : J.-J. Kieffer, l. c.,
pp. 54 et 59, fig. 100. — Indifféremment sur *Linaria vulgaris* L.,
L. striata L. et *L. minor* L.!; la larve vit et se transforme dans les
tiges, où elle provoque parfois un faible renflement fusiforme. —
S. et S.-et-O. : La Varenne!; Bois de Boulogne!; Rueil (Jeanson);
Poissy!; Plaisir-Grignon (A. Dubois); Montgeron (Dr A. Marie!);
Itteville!. — Aisne : Soissons (G. de Buffévent!). — Eure :
Menilles; St-Sébastien-de-Morsent; Evreux (H. Portevin). — Somme :
Cayeux-sur-Mer (Decaux).

Tribu **TYCHIINI**.

Genre **Tychius** Schönh. (¹).

Synopsis : Desbr. in *Le Frelon*, XV, p. 109; Penecke in *Kol. Rundschau*, [1922], p. 1.

T. striatulus Gyllh. (p. 312). — S.-et-O. : Limay (J. Magnin); .La Roche-Guyon!; Vigneux (Dr R. Marie!); Saclas!. — S.-et-M. : Nemours!. — Yonne : Coulange-la-Vineuse (Dr Populus); Vaux-de-Lugny (Ch. Bris.!). — Aisne : Soissons (G. de Buffévent!!). — Marne : Châlons-sur-Vesle (Dr Bettinger); Camp de Châlons, sur *Ononis natrix*!!.

T. quinquepunctatus L. (p. 313). — *fasciatus** Geoffr., 1785. — Biologie : G. Grandi in *Boll. Labor. Zool. Portici*, X [1916], p. 103-119, fig. — Aussi sur le Pois cultivé (Chevalier). — Introduit et adventice en Algérie.

Obs. — J'ai trouvé à Poissy (S.-et-O.), avec le type, deux individus d'une remarquable variété chez laquelle les bandes blanches s'étendent sans interruption sur toute la longueur des élytres (v. *ininterruptus* La Fuente). (*L. B.*).

T. venustus F. (313). — Chez le *T. venustus*, le revêtement dorsal comprend en réalité trois sortes de squamules :

1º des squamules très larges, toujours blanchâtres, condensées principalement sur les bandes médiane et latérales du pronotum, la bande suturale et les interstries 5 à 7 ;

2º des squamules de même longueur que les précédentes, mais moitié plus étroites, presque toujours ochracées, garnissant le reste de la surface ;

3º des squamules piliformes, très ténues, insérées dans les points des stries.

(1) La réunion en un seul genre des *Tychius* et des *Sibinia*, proposée par Bedel en 1882, n'a pas été admise en général et ne paraît pas devoir être maintenue.

En raison de la pauvreté relative de la faune du bassin de la Seine, il ne paraît pas indispensable de rédiger un nouveau tableau des *Tychius* ; je me bornerai à indiquer sommairement les caractères des espèces non comprises dans l'édition de 1882 (p. 150) et de mentionner pour les autres certains caractères complémentaires précieux, empruntés pour la plupart à l'excellente étude de Penecke. (*J. S. C. D.*).

Chez la forme type, dont la taille est relativement grande (3 1/2-4 mm.), les squamules du 2ᵉ genre sont fortement teintées, en général d'un brun ferrugineux. Cette forme se trouve abondamment sur le Genêt à balais (*Sarothamnus scoparius*); toutefois, sur les plateaux calcaires de la Haute-Marne, où le *Sarothamnus* n'existe pas, je l'ai recueillie aussi sur le *Genista tinctoria*.

Chez une petite race très remarquable, dont la taille moyenne n'est que de 3 mm., les squamules du 2ᵉ genre sont blanchâtres comme celles du 1ᵉʳ, en sorte que l'insecte ne présente plus aucun dessin accusé. C'est certainement cette forme que Ch. Brisout et Bedel ont rapportée au *T. genistae* Bohem., et qu'ils donnent comme vivant sur le *Genista tinctoria*. Personnellement je ne l'ai observée (départements du Doubs et de la Lozère) que sur le *G. sagittalis*.

Penecke (l. c., p. 16), réserve le nom de *genistae* à un *Tychius* dont le revêtement, uniformément blanchâtre et homogène, ne comprend qu'une seule forme de squamules. Bien qu'il le mentionne de Paris et du Jura, je n'ai encore rien observé de pareil chez nos individus français; tous ceux que j'ai vus, examinés au microscope, présentent au même degré les différences signalées plus haut dans la largeur des squamules (*J. S. C. D.*).

T. squamulatus Gyllh. (p. 313). — *flavicollis* Ch. Bris., Penecke (? non Steph.); cf. J. Edwards in *Ent. M. Mag.*, XLVI [1910], p. 82. — Chez cette espèce, le rostre, vu de dessus, est assez exactement parallèle; il paraît visiblement atténué vers l'extrémité lorsqu'on l'examine par le côté. Les fémurs postérieurs sont armés d'un denticule bien apparent. — D'accord avec l'observation de Perris, je l'ai pris en plusieurs régions (Jersey, Mont-Agel près Nice, etc.) sur le *Lotus corniculatus*, dans les localités où ne croissait aucun *Melilotus*.

*T. femoralis** Ch. Bris. in *Ann. Soc. ent. Fr.*, [1862], p. 771, types : Béziers (Grenier). — Penecke, l. c., p. 17.

Sur les *Melilotus*, notamment *M. alba*.

Hᵗᵉ-Marne : Gudmont!!.

Commun dans les parties un peu chaudes de l'Europe tempérée, notamment aux environs de Bourges!! et en Autriche (Penecke).

Obs. — Appartient au groupe des *Tychius* à revêtement nettement squamuleux, dense, d'un cendré jaunâtre uniforme. Le ♂ est très caractérisé par ses fémurs antérieurs et intermédiaires densément frangés en dessous de longues squamules oblongues, blanchâtres. La ♀ se distingue du *junceus* par son arrière-corps beaucoup moins court et de l'*haematopus* par ses yeux convexes et saillants.

T. **haematopus** Gyllh. (p. 313). — Très caractérisé par ses yeux
plats, non saillants; les fémurs, surtout les postérieurs, sont presque
angulés en dessous. — Les observations de Penecke confirment
celles de Perris, lequel a signalé la larve dans les gousses de divers
Melilotus.

T. **junceus** Reichb. (p. 313). — Penecke indique l'*Anthyllis vulneraria* L. comme étant la plante nourricière la plus fréquente du
T. junceus.

T. **medicaginis** Ch. Bris. — Penecke, l. c , p. 18. — *aureolus*
v. *medicaginis* Bed. (p. 314). — Biologie : abbé Pierre in *Marcellia*,
I, p. 95. — Sur *Medicago sativa* (Ch. Bris.); aussi sur *M. falcata*, au
moins dans l'Europe Centrale (Gerhardt, Penecke), et sur
M. media (abbé Pierre). Larve dans une cécidie de la gousse (abbé
Pierre). — Çà et là dans le bassin de la Seine, notamment à Marly
(Ch. Bris.!!), Bouray (Bedel!!), Gudmont!!, etc. — Manque en
Normandie (Fauvel) (*J. S. C. D.*).

T. **aureolus** Kiesw. — Penecke, l. c., p. 19. — *albovittatus*
Ch. Bris. in *Ann. Soc. ent. Fr.*, [1862], p. 768.

S. et S.-et O. : prairies des bords de la Seine à Maisons-Lafitte et à
St-Maur (Ch. Bris., types de *T. albovittatus*).

Obs. — Ch. Bris. et Penecke sont d'accord pour séparer du
T. medicaginis une espèce très voisine, chez laquelle le rostre est sensiblement plus court, et dont les ♂ ont les fémurs antérieurs et intermédiaires garnis d'une frange épaisse de squamules blanchâtres. Les
antennes sont toujours entièrement rousses ([1]); la fascie latérale
blanche des élytres est plus large et plus nettement tranchée; enfin la
taille de l'insecte doit être un peu plus grande. Cette espèce m'est
inconnue en nature. D'après Penecke, elle serait plus méridionale
que la précédente (*J. S. C. D.*).

T. **crassirostris** Kirsch., 1871, in *Berl. ent. Zeitschr.*, [1871],
p. 48. — Biologie : J. Mik in *Wien. Ent. Zeit.*, IV 289. — Ross,
Die Pflanzengallen Bayerns, fig. 115 et 116.

---

(1) Chez le *T. medicaginis*, la massue est en général rembrunie, mais ce
caractère n'est pas constant. — La synonymie donnée ci-dessus, d'après
Penecke, ne me paraît pas hors de toute discussion. Ch. Brisout, qui a
très bien étudié les deux espèces, admet que l'*aureolus* Kiesw. est probablement la même espèce que son *medicaginis*. S'il a imposé à cet insecte un
nom nouveau, c'est que les Catalogues de son temps rangeaient indûment
l'*aureolus* parmi les *Miccotrogus*.

Sur divers *Melilotus*, notamment *M. alba* (Gerhardt, Mik) et *M. officinalis* (Ross); larve dans une galle à la face inférieure des folioles, dont les deux moitiés se replient et sont plus ou moins soudées; nymphose en terre. (Ross, Mik).

Hᵗᵉ-Marne : Gudmont, deux individus!!.

Suisse, Allemagne du Sud, pays de l'ancienne monarchie austro-hongroise; rare partout.

Obs. — Espèce très caractérisée par son rostre court, épais, brusquement subulé près de l'extrémité. Le revêtement squamuleux, très dense, un peu soyeux, étroitement appliqué contre les téguments, est en général de couleur chamois; la bande médiane et les côtés du pronotum, de même que la région latérale des élytres, sont presque toujours un peu plus clairs. Chez le ♂, les fémurs antérieurs et intermédiaires sont munis d'une frange de squamules (*J. S. C. D.*).

T. tibialis Bohem. (p. 314). — S.-et-O. : La Ferté-Alais!. — Yonne : Avallon!. — Calv. : Fresnay-le-Puceux; forêt de Cinglais; Fontenay-le-Marmion (Fauvel). — [Île de Jersey!!].

Obs. — Le ♂ a les fémurs antérieurs frangés en dessous.

T. pumilus Ch. Bris. (p. 314). — S.-et-O. : station de Montigny-Beauchamp!; Boutigny!.

T. meliloti Steph. — Très rare en Normandie, où il n'est indiqué que de Dieppe et de Villers-sur-Mer!.

: *T. elegantulus* Ch. Bris. (p. 315). — Vit sur l'*Hippocrepis comosa* L.!; l'adulte se trouve souvent enfoncé dans les fleurs; mai, juin. — S.-et-O. : Saclas!. — S.-Infʳᵉ (Le Bouteiller, coll. Fauvel). — Aussi à Bourges (Dʳ R. Marie!) et à Castres (Galibert!!).

T. lineatulus Steph. (p. 315). — Sur divers *Trifolium*, notamment *T. medium* en France (H. Bris., Bedel), *T. pratense* en Angleterre (J. Edwards), *T. montanum* dans les Karpathes (Penecke), etc.. — S.-et-O. : Marly-le-Roi (Destréez). — Marne : forêt de Germaine!. — Aube : Bar-sur-Aube!. — Eure : Autheuil (Portevin). — Somme : nombreuses localités, notamment Hébécourt et Blangy-Tronville (L. Carpentier!!). — Calv. : Percy; monts d'Eraines (Fauvel).

T. Schneideri Herbst (p. 315). — Biologie : Jacquet in *L'Échange*, n° 31 [1887], p. 2. — Larve de mai à juillet (à Lyon) dans les gousses de l'*Anthyllis vulneraria*; nymphose en terre. — S.-et-O. : Saclas!; côtes de Limay (J. Magnin!) et de La Roche-Guyon!. — Marne : Vaux-de-Lugny (Dʳ Bettinger). — Côte-d'Or : Montbard!. — Yonne :

Val-de-Mercy (Dᵣ Populus); Avallon!. — Eure : nombreuses localités (Portevin). — Calv. : Caen (Fauvel). — Hᵗᵉ-Marne : Gudmont!!.

T. polylineatus Germ. (p. 315). — Biologie : Ross, *Die Pflanzengallen Bayerns* (reproduit dans *Ent. Blätt.*, [1917], p. 57). — Larves dans les capitules avortés et déformés de divers *Trifolium*, notamment *T. medium* et *T. pratense* (Ross). — Eure-et-Loir : Chartres (Bellier). — Yonne : Avallon!. — Hᵗᵉ-Marne : Gudmont!!. — Pas-de-Calais : Boulogne-sur-Mer!!.

T. tomentosus Herbst. — Larves dans les capitules de *Trifolium arvense* (Urban).

Sect. *Miccotrogus* Schönh.

T. cuprifer Panz. (p. 316). — S.-et-O. : Meudon (J. Magnin!); Porchefontaine (A. Dubois); La Ferté-Alais!; Saclas!. — Yonne : Sers; Pont-sur-Yonne; Cravant (Loriferne!); Val-de-Mercy (Dᵣ Populus); Châtel-Censoir (Cotteau). — Manque au Nord et à l'Ouest de Paris.

T. picirostris Fabr. (p. 316). — Biologie : Urban in *Ent. Blätt.*, [1914], p. 276. — Larve dans les capitules de *Trifolium hybridum* L. ; nymphose en terre (Urban).

Genre **Sibinia** Germ., 1824.

Notes : Schilsky, ap. Küster; *Käf. Eur.*, XLV.

S. sodalis Germ. (p. 316). — Biologie : J. Magnin in *Bull. Soc. ent. Fr.*, [1896], p. 386; [1897], p. 309; Urban in *Ent. Blätt.*, [1914], p. 228. — Vit, à l'état de larve et d'imago, dans les capitules des Plombaginées (1) du genre *Armeria* : *A. plantaginea* Willd. aux environs de Paris (Dev.., J. Magnin), *A. vulgaris* en Allemagne (Urban) et en Angleterre (Ph. de la Garde), *A. allioides* Boiss. en Algérie (P. de Peyerimhoff). — S. et S.-et-O. : Bécon-les-Bruyères (localité détruite), abondant en 1884!!; Poissy!; Moisson!; Gif

____

(1) Les *Sibinia* du littoral français de la Méditerranee (*S. meridionalis* Ch. Bris., *S. gallica* Pic) vivent sur des *Statice*, qui appartiennent à la même famille des Plombaginées; le dernier notamment a été observé en Camargue sur *Statice virgata* (Dᵣ A. Chobaut!!). Un *Sibinia* d'Algérie (*S. planiuscula* Desbr.) a été trouvé Bou-Saada sur *Statice Bonduellii* (P. de Peyerimhoff) (*J. S. C. D.*).

(Magnin!); Lardy!; Saclas!; Etrechy!!. — Eure : Evreux; Autheuil (H. Portevin). — Aussi à Jersey!!.

S. arenariae Steph. (p. 317). — Vit (dans la Loire-Inférieure!!) sur *Spergularia marginata*!! — Somme : St-Valery-sur-Somme (J. Magnin!). — Aussi à Jersey!! et à Guernesey (Luff).

S. phalerata Stev. (p. 317). — S.-et-O. : friches de Lardy!; plateau de l'Ardenay près La Ferté-Alais! — Somme : bois de Gentelles (L. Carpentier!; Cayeux (Delaby!). — H^{te}-Marne : Gudmont, friches calcaires, sur un *Cerastium*!!.

S. variata Gyllh. (p. 317). — Observé par Ch. Brisout et par A. Dubois sur *Spergularia rubra*, conformément aux indications déjà publiées par Perris. — S.-et-O. : Versailles (A. Dubois!!); Gif (J. Magnin!); La Ferté-Alais!. — S.-et-M. : Barbizon (Dr Marmottan!).

Obs. — M. F. Picard rapporte au *S. variata* Gyllh, un *Sibinia* éclos de fructifications du *Daphne gnidium* récoltées à Argelès-sur-mer (Pyrénées-Orientales); un renseignement analogue a été publié par P. de Peyerimhoff (*Ann. Soc. ent. Fr.*, [1915], p. 58) à propos d'une espèce à peine distincte, *S. primita* Gyllh. — Ces deux observations, dont l'exactitude est hors de doute et la concordance remarquable, concernent peut-être une espèce inédite différente de celles qui vivent dans l'Europe tempérée sur les petites Caryophyllées.

(J. S. C. D.)

S. fugax ‡ Bed., 1882 (p. 317), non Germ (¹). = **S. subelliptica** Desbr., 1873, in *Ann. Soc. ent. Belg.*, [1873], p. 121. — Biologie : abbé Goury in *Bull. Soc. ent. Fr.*, [1909], p. 66. — Se développe dans les capsules du *Dianthus carthusianorum*; se tient par paires et s'accouple dans le tube de la corolle; juin-juillet. — S.-et-M. : Fontainebleau, polygone de la route d'Orléans (colonel Gruardet) et route de Samois (abbé Goury!!); Nemours!.

Obs. — Xambeu (*Ann. Soc. linn. Lyon*, [1896], p. 164) attribue au « *S. fugax* » une larve trouvée sur l'*Armeria plantaginea* et qui est vraisemblablement celle du *S. sodalis*.

**S. Guillebeaui* Desbr., 1897, in *Le Frelon*, VI, p. 17. — Bed. in *Bull. Soc. ent. Fr.*, [1920], p. 206.

____

(1) Le « *S. fugax* » décrit par Germar est en réalité le même insecte que le *S. viscariae* L. — Cf. Desbrochers in *Le Frelon* [XV], p. 116 et Schilski, l. c., n° 82 (L. B.).

Coteaux sablonneux, sur les fleurs de l'*Alsine setacea* Koch!; surtout en juin.

S.-et-O. : station de Bouray!; Saclas, au-dessus de la sablière de la vieille route d'Étampes, en nombre!.

Suisse : Valais (Guillebeau, types).

Espèce très semblable au *S. viscariae* L., dont elle se distingue surtout par ses tibias roux, et par le rostre de la ♀ ponctué seulement à la base, puis lisse et très brillant sur le reste de son étendue.

S. potentillae Germ. (p. 317). — Biologie : Urban in *Ent. Blätt.*, [1919], p. 247. — Se développe dans les capsules des *Spergula* (*S. arvensis*!!, *S. pentandra* v. *Morisonii* Bor. d'après Urban) et se transforme dans leur intérieur.

S. pellucens Scop. (p. 317). — Une jolie variété (*Roelofsi* Desbr.) se distingue du type par ses interstries alternativement clairs et rembrunis; elle se trouve parfois avec le type aux environs de Paris (L. Bedel, Dr A. Clerc, etc.).

Tribu **CIONINI.**

Genre **Cionus** Clairv (¹).

La séparation des espèces du groupe du *C. thapsi* (F.) Wingelm., peut être effectuée à l'aide du tableau suivant :

1. Antennes insérées tout près de l'extrémité du rostre (à une distance de l'extrémité égale chez les ♂ à une fois et demie, chez les ♀ à deux fois la largeur du rostre). Revêtement en général d'un gris cendré clair, sans teinte olivâtre ou verdâtre; les petites macules en damier des interstries impairs relativement grandes, très noires, tranchant fortement sur le

(1) **La tribu des** *Cionini* **a** été l'objet d'une revision très soigneuse due au regretté A. Wingelmüller, décédé à Vienne en 1917. Le travail en question devait faire partie du tome IV de la « *Münchner Koleopterologische Zeitschrift* », volume qui n'a jamais été publié. Toutefois les tirés à part avaient été adressés à l'auteur, et sont actuellement assez largement répandus, ce qui fait que la monographie des *Cionini* ne peut passer pour entièrement inédite.

La « *Koleopterologische Rundschau* » (IX, [1921], p. 101 sqq.) a reproduit une partie de ce travail, notamment le tableau des *Cionus* et les descriptions des espèces nouvelles; celles-ci sont donc officiellement publiées à la date du 30 décembre 1921 (*J. S. C. D.*).

fond ; tache suturale antérieure large, empiétant notablement
sur le 2e interstrie. — ♂, pénis, vu par la face convexe,
complètement ouvert entre les bourrelets latéraux, lesquels
ne sont réunis que par une fine membrane et non par une
sorte de pont chitineux connu chez le *C. thapsi*. — Long. 4 -
4,5 mm...................... **Ganglbaueri** Wingelm.

— Antennes insérées à une certaine distance de l'extrémité du
rostre, au moins deux fois la largeur du rostre chez les ♂,
deux fois et demie chez les ♀. Revêtement d'un gris jaunâtre
ou verdâtre... **2.**

2. Revêtement des élytres très dense ; macules noires des interstries impairs complètement effacées ou visibles seulement
sur la partie postérieure des élytres. Rostre relativement long,
surtout chez la ♀..................................... **3.**

— Revêtement des élytres médiocrement dense ; macules noires
des interstries impairs régulières et complètes.............. **4.**

3. Élytres plus allongés, d'un tiers environ plus longs que leur
largeur d'une épaule à l'autre. — ♂, pénis, vu de dessus,
subparallèle sur sa moitié postérieure. — Long. 4-4,5 mm.
.... **Clairvillei** Bohem.

— Élytres un peu plus courts, d'un quart environ plus longs
que leur largeur d'une épaule à l'autre. — ♂, pénis, vu de
dessus, sensiblement étranglé avant l'extrémité ; ♀, rostre
beaucoup plus long que la tête et les pronotum réunis, —
Long. 4,5-5,5 mm.................... **Olivieri** Rosensch.

4. Massue des antennes à peu près aussi longue que le funicule.
— ♂, pénis assez allongé, faiblement arqué, ouvert sur toute
la longueur de sa face convexe. — Long. 3,4-3,8 mm.......
.... **nigritarsis** Wingelm.

— Massue des antennes sensiblement plus courte que le funicule.
— ♂, pénis assez court, fortement arqué, fermé sur presque
toute la longueur de sa face convexe par une sorte de pont
chitineux qui réunit les deux bourrelets latéraux. — Long.
3,5-4,8 mm.............................. **thapsi** Fabr.

C. alauda Herbst (p. 319). — Vit principalement sur différentes
espèces de *Scrophularia* ; exceptionnellement sur des *Verbascum* (*V.
nigrum* dans la Seine-Inférieure !!, *V. lychnitis* à Saclas et à Fontainebleau !). — Trouvé en Algérie sur *Scrophularia laevigata* et *S. Saharae* (P. de Peyerimhoff).

C. scrophulariae L. (p. 319). — Biologie : Le Cerf in *Bull. Soc. d'Acclim.*, [1911], p. 13-18, tab. — A Beaune (Côte-d'Or), M. Estiot a observé ce *Cionus* attaquant une Scrophulariée exotique, *Phygelius capensis.*

C. Schönherri Ch. Bris. (p. 319). — Aussi en Corse (d'après Wingelmüller) et en Algérie, où il vit sur les *Scrophularia canina, laevigata* et *Saharae* (P. de Peyerimhoff).

C. Ganglbaueri Wingelm., 1921, in *Kol. Rundschau,* IX, p. 115, [et *Münchn. Kol. Zeitschr.*, IV, p. 198 (separata seulement)]. — *thapsi* auct. (pars).

Talus bien exposés; sur *Verbascum lychnitis* et *V. nigrum.*

Calvados : Fresney-le-Puceux (Dubourgais, vid. Wingelmüller).

Châteauroux!!; Longwy!!; presque toutes les provinces de l'ancienne monarchie austro-hongroise.

C. Clairvillei Bohem, ap. Schönh., *Gen. Sp. Curc.*, IV, p. 730, type : environs de Paris. — Wingelm., l. c., p. 201. — *Olivieri* v. *Clairvillei* Bed., olim.

Seine-Inférieure : Lillebonne, septembre 1886, sur *Verbascum nigrum!!.*

France, Europe centrale, péninsule Balkanique, Crimée.

C. Olivieri Rosensch. (p. 320). — Biologie : Xambeu in *Le Naturaliste,* [1899], p. 258. — Accouplement et ponte en août; la larve, qui vit à l'extérieur des feuilles et des tiges de *Verbascum,* opère sa nymphose fin août dans une coque hémisphérique fixée à la plante; éclosion en septembre. — Ces observations de Xambeu laissent supposer qu'au moins dans le midi de la France, certains *Cionus* des *Verbascum* pourraient avoir deux générations par an.

C. nigritarsis Wingelm., 1921, l. c., pp. 108 et 118. — *thapsi* var. *nigritarsis* Reitt.

Seine-Inférieure : Lillebonne, sur *Verbascum nigrum!!* — Eure : Brosville, sur *V. lychnitis* (Bedel!!, individus vus et étiquetés par Wingelmüller).

Jura!!; Europe centrale et péninsule Balkanique.

C. thapsi (Fabr.) Wingelm., l. c., pp. 106 et 109, et *Münchn. Kol. Zeitschr.* IV, p. 204. — *thapsi* auct. (pars).

Surtout sur les *Verbascum nigrum* et *lychnitis,* plus rarement sur *V. thapsus.* — Le plus répandu et le plus commun des *Cionus* de ce groupe. — Toute l'Europe tempérée et méridionale, y compris la Corse; Asie occidentale et centrale.

C. olens Fabr. (p. 320). — S.-et-O. : Vigneux (Dr R. Marie!). — Oise : Coyè!; Bresles!. — Somme ; bois de Boves (Delaby!). — Aussi en Espagne centrale!.

C. solani Fabr. (p. 320). S. et S.-et-O. : St-Maur (A. David!); Pierrelaye!; Lardy!. — Oise : Bresles!. — Yonne : Avallon!. — Eure : Cailly-sur-Eure!.

C. pulchellus Herbst (p. 321). — Principalement sur *Scrophularia nodosa*, mais aussi parfois sur des *Verbascum*!. — Répandu et commun aux environs de Paris!!. — Oise : Coye (Ph. François!). — Eure : Évreux (H. Portevin!).

Tribu **CEUTHORRHYNCHINI** ([1]).

Synopsis : Reitter, *Bestimm. Tab.*, LXVIII, p. 56 [1912] ([2]). — Catalogue des espèce paléarctiques : Schultze in *Deutsch. ent. Zeitschr.* [1902], p. 205; [1903], p. 237. — Revision des espèces françaises : A. Hustache in *Miscell. ent.* (en cours de publication). — Plantes nourricières : Urban in *Ent. Blätt.*, XVII [1921], p. 19 ([3]).

Genre **Mononychus** Germ.

Mœurs : J. Lichtenstein in *Bull. Soc. ent. Fr.*, [1918], p. 93.

M. punctum-album Herbst (p. 321). — Se développe, non seu-

---

(1) Pour les grands genres *Ceuthorrhynchus* et *Apion*, j'ai fait figurer, pour mémoire, avec le résumé de leur biologie, toutes les espèces du bassin de la Seine, même celles au sujet desquelles il n'y a rien de nouveau à indiquer. (*J. S. C. D.*).

(2) Reitter remanie complètement la classification de ce groupe et en démembre les éléments, créant un grand nombre de genres et de sous-genres nouveaux. Dans ce nouvel arrangement, certains détails ne paraissent pas très heureux, notamment l'intercalation des genres *Amalorrhynchus* (*C. melanarius* Steph.), *Drusenalus* (*C. nasturtii* Germ.), *Poophagus* et *Tapinotus* dans le groupe des *Rhinoncina*. Le cadre du présent Supplément, qui n'est qu'une simple liste additive à l'ouvrage principal, ne comporte pas la discussion approfondie de l'ouvrage de Reitter. Dans les pages qui suivent, je m'en tiens à la classification de Bedel, modifiée d'après Schultze en ce qui concerne la valeur générique des subdivisions. (*J. S. C. D.*).

(3) Cet article n'est qu'une rapide compilation sans indication de sources; il n'a pas la même valeur que les excellents travaux originaux du même auteur. (*J. S. C. D.*).

lement dans les graines de l'*Iris pseudacorus*, mais aussi dans celles de l'*I. fœtidissima*, notamment à Montpellier (Lichtenstein) et à l'île de Wight (Donisthorpe); accessoirement sur les Iris cultivés ; une variété (*Rondoui* Vuill.) vit sur l'*I. pyrenaica* dans les Pyrénées.

M. salviae Germ. (p. 322). — H. du Buysson (*Ann. Soc. ent. Fr.*, [1891], Bull., p. 94) a constaté que le *M. salviae* n'est qu'une forme à pilosité dorsale grise du *M. punctum-album*. Cette forme, indépendante du sexe, se trouve avec lé type, mais elle est loin de l'accompagner partout. Dans les limites de cette faune la mutation *salviae* n'est connue que des provenances suivantes : S.-et-O. : Sucy-Bonneuil (A. Mauppin!); La Minière (A. Dubois); forêt de Rambouillet (Ph. Grouvelle!). — Oise : marais de Coye!. — Yonne (Loriferne). — Somme (Delaby). — Pas-de-Calais : Cucq!!.

Genre **Coeliodes** Schönh.
Ceuthorrhynchus s. str., Bed., 1881.

C. rubicundus Herbst (p. 322). — J'ai indiqué cette espèce (p. 163) comme n'ayant qu'une seule série de soies blanchâtres sur les insterstries. Ceci n'est vrai que des interstries impairs. Le nombre des soies sur les interstries pairs peut être de 2 à 3 de front. — Cf. Hartmann in *Deutsche ent. Zeitschr.*, [1895], p. 315. (*L. B.*).

C. ilicis Bed. (p. 322). — S.-et-O. : Poissy!. — Orne : [Bagnoles (Fauvel]. — Calv. : diverses localités (id.). — Aussi à Cognac (Charente), sur *Quercus ilex*!.

Obs. — Chez le *C. ilicis*, le front est squamulé et le rostre sans cannelures, alors que chez le *C. dryados* Gmel. le front est presque nu et le rostre cannelé.

C. trifasciatus Bach. (p. 322). — Caractères sexuels ♂ : Gerhardt in *Deutsche ent. Zeitschr.*, [1889], p. 400. — S.-et-O. : bois des Fonds-Maréchaux près Versailles, sur *Betula alba* (A. Dubois). — H^te-Marne : Gudmont!!. — Yonne : Avallon!. — Calvados : forêt de Cinglais; Mouen (Fauvel).

C. ruber Marsh. (p. 323). — Biologie : R. Silvestri in *Boll. Zool. Portici*, XII [1918-1918], p. 155, fig. — Larve observée en Italie dans les chatons mâles du Noisetier (*Corylus avellana*); nymphose en terre; en France, vit plutôt sur les chênes.

C. subrufus Herbst (p. 323). — Le ♂ du *C. subrufus* n'a pas de fossette ventrale, mais simplement une tache squameuse de couleur variable sur le premier sternite.

Genre **Stenocarus** Thoms.

Ceuthorrhynchus subg. *Stenocarus* Bed., 1881.

S. cardui Herbst (p. 323). — S.-et-O. : Le Butard près Versailles (A. Dubois); Montmorency (Mauppin!). — S.-et-M. : Nemours!. — Marne : Reims (Dr Bettinger). — H^te-Marne : Gudmont!!. — Orne : Miserai près L'Hôme!. — Aussi dans la province d'Oran et à Tanger (Vaucher!). — Biologie précise inconnue.

S. fuliginosus Marsh. (p. 323). — Larve observée par Rupertsberger à la racine du *Papaver somniferum*; vit certainement aussi sur le Coquelicot (*Papaver rhaeas*).

Genre **Aulcutes** Dietz, 1896.

Ceuthorrhynchus subg. *Cnemogonus* ‡ Bed., 1881.

Synonymie : Hustache, l. c., p. 71.

A. epilobii Payk. (p. 342). — Biologie : Kaltenbach, *Die Pflanzenfeinde*, p.246; Szépligéti in *Term. Füz.*, XIII [1890], p. 15. — Larve dans une pleurocécidie des tiges de l'*Epilobium angustifolium* L. (*spicatum* Lam.). — Somme : Amiens (Portevin, d'après Hustache); forêt de Crécy!. — Oise : forêt de Compiègne!. — Marne : étangs de Ste-Menehould!. — Meuse : bois du Valtiérémont près Ancerville!!.

Genre **Cidnorrhinus** Thoms.

Ceuthorrhynchus subg. *Cidnorrhinus* Bed., 1881.

C. quadrimaculatus L. (p. 324). — Larves dans les tiges et les racines de l'*Urtica dioica* L. (Goureau, Perris).

Genre **Coeliastes** Weise.

Ceuthorrhynchus subg. *Coeliastes* Bed., 1881.

C. lamii Fabr. (p. 328). — Larve dans la tige du *Lamium maculatum* (Perris); aussi sur *L. album* (Hustache) et sur *L. mauritanicum* en Algérie (P. de Peyerimhoff); apparaît dès le premier printemps, au moment de la floraison des *Lamium*. — En réalité répandu dans tout le bassin de la Seine.

Genre **Zacladus** Reitt., 1916.

Allodactylus Weise (nom. praeocc.).

Ceuthorrhynchus subg. *Allodactylus* Bed., 1881.

Z. exiguus Ol. (p. 330). — Sur divers *Geranium*, notamment
G. molle (H. Bris.), *G. pusillum, rotundifolium, dissectum* (Rougèt),
G. robertianum en Algérie (P. de Peyerimhoff); aussi en Pro-
vence sur les *Erodium*!!; larve probablement au collet de la racine
(Perris).

Z. affinis Payk. (p. 330). — Également sur divers *Geranium* :
G. robertianum près de Rouen (Le Bouteiller), *G. sanguineum* à
Fontainebleau! et dans les Vosges!!, *G. sanguineum, pratense* et
sylvaticum en Suède (Gyllenhal), *G. pyrenaicum* dans les Pyrénées
(A. Dubois). — Biologie : Xambeu in *Ann. Soc. linn. Lyon*, [1903],
p. 198.

Genre **Ceuthorrhynchus** Germ.

Groupe 1 (*Mogulones* Reitt. + *Hadroplontus* Reitt. [pars].)

C. ornatus Gyll. (¹). — Tout ce qui a trait à cette espèce (p. 325)
est à supprimer et à remplacer par le texte suivant :

C. larvatus * Schultze, 1896, in *Deutsche ent. Zeitschr.*, [1896],
p. 266. — *Andreae* ‡ Bed. (non Redt.), p. 173. — *ornatus* ‡ Bed.
(non Gyllh.), p. 325.

Sur diverses Borraginées, notamment les *Pulmonaria* (K. Daniel,
Schultze) et les *Echium* (Schultze).

S. et S.-et-O. : Bois de Boulogne (Ch. Bris.); Sᵗ-Maur (A. David)!;
Sᵗ-Germain (Ch. Bris.!); Sᵗ-Cucufa près Rueil!!; Meudon (H. Martin!). — Eure : Évreux (Bellier). — Côte-d'Or (Rouget, in litt.).

France méridionale, Espagne, Algérie, Maroc, Bavière, Carinthie,
Russie, Sibérie; l'indication « Madère », donnée par Schultze (*Krit.
Verz.*, p. 214) est erronée. (*L. B.*).

C. geographicus Goeze (p. 325) (²). — Sur l'*Echium vulgare*;

(1) Le *C. ornatus* Gyll., 1837 (*Andreae* Redt., 1858) ne paraît pas
exister en France. Il se trouve en Bavière et en Autriche, où il vit exclusivement sur le *Cerinthe minor* (renseignements communiqués à Bedel par
le Dʳ K. Daniel).

(2) Je dois à M. Duchaine la communication du *C. Pueli* Hust. signalé de Fontainebleau par l'auteur (*Bull. Soc. ent. Fr.*, [1915], p. 147);
c'est simplement un individu frotté du *C. geographicus*. (*L. B.*).

larve dans la racine; nymphose en terre. — Cette espèce est susceptible de striduler assez fortement; j'ai constaté le fait sur un individu venant de voler, par une haute température; la stridulation est
produite par le frottement des deux derniers segments abdominaux.
(*L. B.*).

C. cruciger Herbst. (p. 325). — Principalement sur les *Cynoglossum*, notamment *C. officinale* en France!! et en Allemagne et
C. pictum en Algérie (P. de Peyerimhoff!!). — S.-et-O. : Versailles (A. Dubois). — Oise : forêt de Compiègne!. — Marne : Châlons-sur-Vesle (D* Bettinger!). — Eure : Évreux (d'après Fauvel).
— Pas-de-Calais : dunes d'Ambleteuse et de Condette!!.

C. Aubei Bohem. (p. 325). — Signalé par Urban (l. c.) sur les
plantes du genre *Cerinthe*; doit vivre également sur quelque autre
Borraginée, les *Cerinthe* ne croissant pas dans le Nord de la France.
— Décrit des « environs de Paris » et découvert par Aubé. — S.-
et-O. : Triel, mai 1904, trois individus (d'après J. Clermont). —
Oise : marais d'Ivry-le-Temple (L. Carpentier).

C. symphyti Bed. (p. 329). — Sur *Symphytum officinale*; larve
dans les tiges et nymphose sur place. — En réalité assez commun
dans le bassin de la Seine, particulièrement au Nord et à l'Ouest de
Paris.

C. borraginis Fabr. (p. 325). — Vit surtout (dans le Nord de la
France) sur le *Cynoglossum officinale*; signalé par Urban sur le
Borrago officinalis; en Algérie, il a été observé sur des *Cynoglossum*
(Bedel) ainsi que sur *Solenanthus lanatus* et *Mettia gymnandra* (P.
de Peyerimhoff). — S.-et-O. : Cormeilles (J. Clermont); forêt
de Carnelle (Odier!). — S.-et-M. : Bois-le-Roi (Bourgoin!); Fontainebleau (Méquignon!). — Marne : Chenay; Châlons-sur-Vesle;
Lesches (D* Bettinger, vid. A. Hustache). — Pas-de-Calais :
dunes d'Ambleteuse (Méquignon!!).

C. pallidicornis II. Bris. (p. 326). — Printemps, dans les fleurs
des *Pulmonaria officinalis* et *angustifolia*. — S.-et-M. : Fontainebleau
(Gruardet!!). — Assez répandu dans le Centre de la France : Touraine (Méquignon!!), Loire-Inférieure (E. de l'Isle!!), H**-Vienne
(Hoffmann), Lyonnais (Grilat!!), etc.

C. albosignatus Gyll. (p. 326). — Sur *Lithospermum arvense*
(Dev., Hustache); surtout au printemps. — S.-et-O. : Saclas!. —
S.-et-M. : Le Pin (Hustache). — Marne : Chenay; Châlons-sur-Vesle
(D.* Bettinger, vid. Hustache).

C. asperifoliarum Gyll. (p. 326). — Découvert par Gyllenhal sur le *Cynoglossum officinale* et retrouvé depuis sur un grand nombre de plantes de la famille des Borraginées; larve observée par Perris au collet des *Symphytum* et des *Myosotis*.

Obs. — La proportion des squamules blanches éparses sur les élytres en dehors des macules principales est excessivement variable. J'ai cru remarquer que les individus à revêtement foncier densément mélangé de squamules blanches se trouvent particulièrement sur les *Myosotis* : *M. silvatica* dans les prairies subalpines des Alpes-Maritimes!!, *M. intermedia* à Sarrebruck et dans le Pas-de-Calais!!. (*J. S. C. D.*).

C. euphorbiae Ch. Bris. (p. 326). — Indiqué par Urban comme vivant probablement sur des Borraginées; observé en nombre par A. Hustache aux environs de Paris sur *Myosotis intermedia*; capturé par G. C. Champion dans le Devonshire sur des pieds isolés d'*Echium vulgare*, en compagnie du *C. asperifoliarum* (*Entom. Monthly Mag.*, [1916], p. 230. — S.-et-O. : Poissy!; Versailles (A. Dubois); Gif (J. Magnin!); S\u1d57-Martin-du-Tertre (G. Odier!). — S.-et-M. : entre Neumoutiers et Villeneuve-le-Comte (A. Hustache!!). — Oise : Ivry-le-Temple (L. Carpentier!); forêt de Compiègne!. — Eure : forêt d'Évreux (H. Portevin!); Cailly-sur-Eure!. — Orne : L'Hôme!. — Calv. : Fresney-le-Puceux; Fontenay-le-Marmion (Fauvel); forêt de Cinglais (Dubourgais!!). — Somme : S\u1d57-Valery-sur-Somme (Delaby!).

Obs. — L'indication du *victus* sur *Euphorbia silvatica*, indiqué par Ch. Brisout d'après Wencker, est purement et simplement à rejeter. Quant aux observations concernant des Labiées : *Teucrium* (Bedel, 1881, avec doute), *Glechoma* (J.-J. Walker in *Ent. Monthly Mag.*, [1910], p. 31), elles semblent difficiles à accepter. Il conviendrait pourtant de vérifier avec soin si les individus des Borraginées et ceux des Labiées appartiennent réellement à la même espèce. (*J. S. C. D.*).

Groupe 2 (*Hadroplontus* Reitt., pars).

C. litura Fabr. (p. 324). — Sur les *Carduus*, notamment *C. nutans* et *crispus*, et sur le *Cirsium arvense*!!. — Commun aux environs de Paris et sur tout le littoral; plus rare dans l'Est et le Sud du bassin.

Obs. — Les côtés du pronotum présentent chez cette espèce un point noir isolé qu'on n'observe pas chez *C. trimaculatus*. En outre, chez ce dernier, la base du prothorax est tronquée au-devant de l'écusson, alors que chez le *C. litura* elle s'avance en angle vif vers la suture.

C. trimaculatus F a b r. (p. 324). — Également sur les *Carduus* et *Cirsium*; larve au collet de la racine. — S.-et-O. : La Ferté-Alais!; Saclas, sur *Carduus nutans*!. — Loiret : [Gien (P y o t!)] ([1]). — Yonne : Avallon!. — Eure : Évreux (H. P o r t e v i n). — Calvados : littoral (Fauvel).

Groupe 3 (*Hadroplontus* R e i t t., pars) ([2]).

C. rugulosus H e r b s t (p. 327). — T y l, l. c., p. 123. — v. *chry-santhemi* G e r m. — T y l, l. c. — v. *rubiginosus* S c h u l t z e. — Sur les *Matricaria* et les *Anthemis*, notamment *Matricaria chamomilla* et *Anthemis nobilis* (P e r r i s), et sur *Matricaria inodora* en Bohême (T y l) et dans le Boulonnais!!; larve dans les tiges (P e r r i s).

C. campestris G y l l h. — T y l, l. c., p. 120. — *variegatus* (? Ol.) Bed. (p. 328). — Synonymie : S c h u l t z e in *Deutsche ent. Zeit.*, [1898], p. 164. — Biologie : U r b a n in *Ent. Blätt.*, [1914], p. 180. — Sur le *Leucanthemum vulgare* (nombreux observateurs); larve dans les capitules et nymphose en terre (U r b a n).

*C. molitor G y l l h., 1837, ap. S c h ö n h., *Gen. sp. Curc.*, IV, p. 525. — T y l, l. c., p. 121. — Biologie précise inconnue ([3]).

---

(1) C'est le « *litura* » indiqué par erreur du Loiret, p. 324. (*L. B.*).

(2) Ce groupe est un des plus difficiles du genre. Les espèces, très voisines les unes des autres, sont individuellement fort variables. Ni le tableau donné par B e d e l dans sa *Faune*, ni les notes publiées postérieurement par S c h u l t z e (*Deutsche ent. Zeit.*, [1895], p. 267) ne sont d'aucun secours pour leur étude. Une revision, dans laquelle il y a beaucoup à retenir, a été donnée plus récemment par le Dr H . T y l (*Wien. ent. Zeit.*, XXXIII, [1914], p. 117).

Quant aux indications biologiques, il convient de ne les reproduire qu'avec une très grande prudence, en raison des nombreuses erreurs de détermination commises par ceux qui les ont publiées. (*J. S. C. D.*).

(3) C'est l'espèce que j'ai citée de Corse (*Cat. crit.*, p. 442) sous le nom inexact de *chrysanthemi*. L'ayant parfois capturé ou reçu associé à l'*Olibrus aenescens* K ü s t., j'en conclus qu'il pourrait vivre comme ce dernier sur l'*Anthemis mixta* L., mais c'est là une pure hypothèse qu'une observation positive devra confirmer (*J. S. C. D.*).

S.-et-O. : Quincy-sous-Sénart!!. — Côte-d'Or : Dijon (Rouget, vid. A. Schultze). — Pas-de-Calais : Boulogne-sur-Mer!!.

Hollande (Everts); assez commun dans l'Ouest, le Centre et le Midi de la France, et dans toute l'Europe méditerranéenne.

Obs. — A en juger par le texte du tableau (p. 174), il semble bien que ce soit une variété de cette espèce que Bedel a désignée en 1881 sous le nom de *chrysanthemi*.

C. triangulum Bohem. (p. 328). — Signalé sur l'*Achillea millefolium* par Hervé dans le Finistère, par Donisthorpe à l'île de Wight (*Ent. Monthly Mag.*, [1908], p. 255) et par V. Hansen en Danemark (l. c., p. 170); sur *Chrysanthemum leucanthemum* L. = *Leucanthemum vulgare* Lam. par L. v. Heyden à Francfort et par V. Hansen en Danemark.

S.-et-O. : gare des Matelots à Versailles, juillet-août (A. Dubois). — Eure : Garancière; Cailly-sur-Eure (Portevin). — Calv. : Caen (Fauvel). — Yonne : Avallon (Ph. Grouvelle!).

Obs. — Les indications de captures qui précèdent sont empruntées aux notes laissées par Bedel. J'avoue ne pas savoir au juste ce que c'est que le *C. triangulum*. J'ai sous les yeux deux des individus pris sur l'Achillée par Hervé et un troisième identique provenant de la Loire-Inférieure; il me semble difficile d'y voir autre chose qu'une race de petite taille, à dessin plus accusé, du *C. millefolii* Schultze, espèce assez répandue dans l'Allemagne du Nord où elle vit précisément sur la même plante. Mais en est-il de même de ceux du bassin de la Seine? C'est ce qu'il m'est impossible d'éclaircir sans les avoir vus. (*J. S. C. D.*).

Groupe 4 (*Glocianus* Reitt.)

Notes : J. Edwards in *Ent. Monthly Mag.*, [1911], p. 208.

C. marginatus Payk. (p. 331). — Sur les Chicoracées; larve dans les calathides de l'*Hypochaeris maculata* (Giraud, cité par Perris); aussi sur *Crepis virens* (Hansen).

Obs. — Le *C. distinctus* Ch. Bris. (p. 330) n'est certainement qu'une mutation du *C. marginatus*, chez laquelle le nombre des articles du funicule est réduit à 6 par suite de la fusion des 3e et 4e articles. Chez certains individus (*inaequalis* Edw.), la réduction ne s'est opérée que pour l'une des deux antennes.

J. Edwards (l. c.) nomme *simillimus* une espèce qui ne diffère guère du *marginatus* que par les caractéres sexuels secondaires. Chez le ♂ du *C. simillimus*, la dépression du dernier sternite, au lieu d'être simplement transverse, est en forme de croissant; les dents qui la limitent sont obtuses et portées directement par la marge postérieure du segment. C'est, d'après Edwards, le *C. Mölleri* ‡ Schultze (non Thoms.); il a été trouvé abondamment en Hollande sur le *Taraxacum officinale* (Everts, cité par Edwards).

C. *punctiger* Gyllh. (p. 331). — Larve dans les calathides du Pissenlit (*Taraxacum officinale*); nymphose en terre (Kawall, Perris).

***C. Mölleri** Thoms., 1868, *Sk. Col.*, X, p. 347. — *rotundatus* Ch. Bris., 1869, in *L'Abeille*, V, p, 452. — Bed., VI, p. 166, nota, et p. 427. — Biologie encore inconnue. — S.-Infre : Yport, août 1886!!; forêt d'Eawy près St-Saëns (Sédillot!). — Somme : Pont-de-Metz (L. Carpentier!). — Hte-Marne : Gudmont!!. — Suède, Danemark, Finlande, Russie, Allemagne du Nord, Angleterre, régions montagneuses de la France, notamment dans le Haut-Jura!!.

C. *pilosellus* Gyll. (p. 331). — Biologie inconnue. — S. et S.-et-O. : Fontenay-aux-Roses, dans les sablières!!; Saclas!. — Aisne : Soissons (G. de Buffévent!). — Eure : Évreux; Cocherel (H. Portevin). — Calvados : forêt de Cinglais (Fauvel). — Pas-de-Calais : Berck-sur-Mer (Destréez).

Groupe 5 (*Oprohinus* Reitt.).

C. *suturalis* Fabr. (p. 331). — Sur les fleurs d'*Allium;* éclos de graines du Poireau cultivé, *Allium porrum* L. (A. Hoffmann).

C. *consputus.* Germ. (p. 331). — *alboscutellatus* Gyllh. ([1]). — Sur les petites Liliacées du groupe des *Allium*, notamment *Allium vineale*!!; signalé aussi sur *Muscari comosum* (Harez). — S.-et-O. : La Ferté-Alais!. — S.-et-M. : Fontainebleau!; Barbizon (Dr Marmottan!). — Yonne : Pont-sur-Yonne; Malay-le-Vicomte (Loriferne); Escolives (Dr Populus); Vincelles (Antheaume!). — Marne : Avenay (Harez!). — Hte-Marne : Gudmont!!. — Calvados : Fresney-le-Puceux; Epron (Fauvel).

Groupe 6 (*Hadroplontus* Reitt., pars).

***C. urticae** Bohem., 1815, ap. Schönh., *Gen. Spec. Curc.*, VIII, 2, p. 151. — Bed., VI, p. 172, note 2.

(1) Le *type* d'*alboscutellatus* Gyllh. est indiqué de Champagne.

Sur des *Stachys*. notamment *S. sylvatica* (K. Daniel, J.-J. Walker, Jacquet, Méquignon) et *S. ambigua* (Hustache); printemps, automne.

Oise : Laigneville (Méquignon!!). — H^le-Marne : bois du Fays près Chaumont (Dr A. Clerc in coll. Hustache!!).

Dijon (Rouget, vid. Hustache); Salins (Jacquet); Doubs : Maiche!!; Jura bernois (A. Mathey!!); presque toute l'Europe tempérée, depuis la Russie méridionale jusqu'en Angleterre.

C. melanostictus Marsh. (p. 326). — Sur les Labiées des genres *Lycopus* et *Mentha*; larve dans la racine de *Lycopus europaeus* (Perris) et de *Mentha silvestris* (Frauenfeld).

C. arquatus Herbst (p. 327). — Vit positivement sur le *Lycopus europaeus* (Bedel); printemps, automne. — S.-et-O. : Sucy-Bonneuil (A. David!); Versailles, au Butard (A. Dubois); forêt de Rambouillet (Méquignon!). — Eure-et-Loir : Senonches!. — Oise : forêt de Compiègne!. — Aisne : Condé-sur-Aisne (G. de Buffévent!). — Marne : Ay (Harez); forêt de Germaine (Dr Bettinger). — Yonne : Héry (Comon!!).

Groupe 7 (*Thamiocolus* Thoms.).

C. pubicollis Gyllh. (p. 328). — Sur le *Betonica officinalis* (Bed., Dev., etc.); juin à août. — Oise : Ivry-le-Temple (L. Carpentier!). — S.-et-M. : Fontainebleau (Dr Marmottan). — Yonne : Villemanoche (Tavoillot). — Marne : Ste-Menehould!; forêt d'Épernay (Dr Bettinger!). — H^te-Marne : forêt du Val!!. — Seine-Inf^re : Rouen (Fauv.).

Obs. — C'est également sur des *Betonica* en fleurs que j'ai pris à La Granja (Espagne centrale) la var. *Bedeli* Schultze, dont la pubescence dorsale tend à devenir d'un gris uniforme. (L. B.).

C. signatus Gyllh. (p. 329). — Sur *Stachys recta* (Bed., Dev., etc.). — S. et S.-et-O. : St-Maur; Boissy-St-Léger; Sucy-Bonneuil (A. David!); Beaumont (G. Odier!); Lardy (Méquignon!); La Ferté-Alais!; Saclas!. — S.-et-M. : Nemours!. — Yonne : Avallon (Ch. Bris.!). — Côte-d'Or : Montbard!. — H^te-Marne : Gudmont!!. — Marne : Bazancourt; Tramery; Vauciennes (Dr Bettinger, vid. A. Hustache). — Eure : Cocherel (H. Portevin).

***C. Devillei** * Hustache in *Bull. Soc. ent. Fr.*, [1912], p. 409.

Terrains marécageux, sur les jeunes tiges de *Stachys ambigua*; mai, juin.

Côte-d'Or : [Villers-Rottin près Auxonne (Hustache); Dijon (Rouget, vid. Hustache)].

Aussi dans le Jura : Tavaux près Dôle (Hustache!!) et dans l'Isère : Entre-deux-Guiers (V. Planet).

Obs. — Espèce voisine du *C. signatus*, dont elle diffère par des caractères légers, mais constants, notamment par les antennes rousses, avec la massue beaucoup plus longue, le rostre ponctué jusqu'à l'extrémité dans les deux sexes, etc.

C. viduatus Gyllh. (p. 329). — Terrains marécageux, sur *Stachys palustris* et *S. ambigua*. — S.-et-O. : marais de Sucy-Bonneuil (Dr A. Clerc!). — Aisne : Soissons (G. de Buffévent!). — S.-et-M. : Tilly (Bourgoin!). — Eure : Marais-Vernier; La Rosaie (Degors!!). — Calvados : Condé-sur-Noireau; forêt de Cinglais (Fauvel). — Marne : Châlons-sur-Vesle (Dr Bettinger). — Somme : Mers (Destréez). — Pas-de-Calais : St-Léonard!!.

Groupe 8 (*Hadroplontus* Reitt., pars).

C. angulosus Bohem. (p. 329). — *balsaminae* Guill., 1885, in *L'Échange*, I, p. 3, *types* : cantons de Berne et de Fribourg. — Vit également sur *Stachys ambigua*, d'après une communication verbale de M. A. Hustache. — S.-et-O. : Courcelles (G. Odier!, un individu. — Oise : Thury (A. Champenois!). — Somme; marais de Camon (L. Carpentier!!). — Marne : bords de la Saulx à Vitry-le-François!!.

Obs. — La station sur *Impatiens noli-tangere*, indiquée par Guillebeau (l. c.) est certainement accidentelle. L'insecte devait vivre sur quelque *Stachys* croissant sous le couvert en société avec l'*Impatiens*.

Groupe 9 (*Ethelcus* Reitt., pars).

C. pollinarius Forst. (p. 330). — Sur l'*Urtica dioica*.

Groupe 10 (*Ethelcus* Reitt., pars).

C. dentatus Panz. (p. 332). — Biologie encore incertaine. Je l'ai observé personnellement, en compagnie du suivant, au pied des Coquelicots (*Papaver rhaeas*); le *victus* sur cette plante n'aurait rien d'invraisemblable, étant donnée l'affinité du *C. dentatus* avec le *C. verrucatus* Chevr. qui vit sur une autre Papavéracée, le *Glaucium luteum*. (*J. S. C. D.*).

Groupe 11 (*Glocianus* Reitt., pars).

C. macula-alba Herbst (p. 333). — Sur le *Papaver rhaeas ;* larve dans les capsules ; nymphose én terre.

Groupe 12 (*Sirocalus* Thoms., pars).

C. mixtus Muls. Rey (p. 332). — Biologie : J. Lichtenstein in *Feuille J. Nat.*, [1914], p. 66. — Sur le *Fumaria officinalis;* larve dans les tiges (J. Lichtenstein); aussi sur *F. capreolata* en Algérie (P. de Peyerimhoff). — Somme : environs d'Amiens (L. Carpentier!).

C. quercicola Payk. (p. 332). — Biologie : L. Falcoz in *Bull. Soc. ent. Fr.*, [1922], p. 225. — Sur le *Fumaria officinalis*; larve dans une galle au collet de la plante (L. Falcoz). — S.-et-O. : Boissy-St-Léger (A. David!); Versailles (A. Dubois); Saclas (P. Denier!). — Eure : Pont-Audemer (Degors!). —.Calvados : nombreuses localités (Fauvel).

C. nigrinus Marsh. (p. 332). — Biologie : J. Lichtenstein in *Feuille J. Nat.*, [1914], p. 66. — Sur divers *Fumaria* : *F. officinalis* L., *F. parviflora* Lam., *F. capreolata* (en Algérie); larve dans les tiges de la plante.

Groupe 13 (*Ceuthorrhynchus* s. str. Reitt., *Marklissus* Reitt.).

C. rusticus Gyllh. (p. 330). — Sur l'*Isatis tinctoria* (1) (Abeille, Dev., L. Carpentier). — Marne : collines d'Avenay (Harez!); forêt de Germaine, un individu!

C. resedae Marsh. (p. 333). — Sur diverses espèces de *Reseda* : *R. luteola* à Paris, *R. phyteuma* à Lyon (Jacquet), *R. alba* en Algérie (P. de Peyerimhoff); très précoce dans les environs de Paris où il se tient au pied des premières pousses de la plante. — S. et S.-et-O. : La Varenne-St-Maur!; fort de Romainville (Peschet). — Oise : Rethondes!. — Eure : forêt d'Évreux (H. Portevin).

C. [*Roberti* Gyllh.] v. *alliariae* H. Bris.; Schultze, l. c., p. 218. — *C. alliariae* Bed. (p. 333). — Biologie : Urban in *Ent. Blätt.*,

(1) L'*Isatis tinctoria*, plante commune dans le Midi, paraît plutôt adventice et subspontané dans le Nord de la France, où il s'est multiplié par places (notamment aux environs de Vitry-le-François, autour des carrières de craie exploitées pour la fabrication du ciment!!). (*J. S. C. D.*).

[1917], p. 315. — Sur l'*Alliaria officinalis* D . C . (nombreux observateurs); larve dans les tiges de la plante, où elle ne détermine pas de galle; nymphose en terre (Urban). — S. et S.-et-O. : Colombes (J. Magnin!); pont de Poissy!; parc de Trianon à Versailles; Buc (A . Dubois). — Oise : Chantilly (G. Odier); forêt de Compiègne!. — Marne : Ay (Harez!); Ste-Menehould!. — H^{te}-Marne : St-Dizier!!; Gudmont!!.

C. pleurostigma Marsh. (p. 333). — Biologie : Curtis, *Farm. Ins.*, p. 132, fig. 23; (dégâts) : Cecconi in *L'Agricoltura metaurense*, ann. 1892; (cécidie) : Houard, *Zoocécidies d'Europe*, p. 1356. — Sur un grand nombre de Crucifères, principalement les Crucifères à siliques; larve dans une galle sur les tiges ou au collet de la racine (nombreux observateurs).

Obs. — La race qui vit sur le *Cardamine pratensis* se distingue des formes les plus fréquentes (celles des *Sinapis* et *Brassica*) par sa taille toujours plus faible et le revêtement sensiblement plus ténu.

C. griseus Ch. Bris. (p. 334). — Sur le *Stenophragma (Arabis) thalianum* (abbé Pierre); larve dans les tiges (Urban); aussi, d'après le même auteur, sur d'autres Crucifères, notamment *Lepidium graminifolium*. — S.-et-O. : La Ferté-Alais!; Saclas!. — H^{te}-Marne : forêt du Val!!. — Calvados : Fresney-le-Puceux (Dubourgais, coll. Fauvel!).

C. faeculentus Gyllh. (p. 334). — Mœurs inconnues. — S.-et-O. : petit bois de la côte Jubert à Saclas, 10 octobre 1909, un individu!. — Somme : bois du Petit-Léon à Vers (L. Carpentier). — Zone tempérée de l'Ancien Monde depuis le Nord de la France jusqu'à l'Oussouri (d'après Schultze); rare partout.

C. picitarsis Gyllh. (p. 334). — Sur un grand nombre de Crucifères à siliques, notamment les *Brassica* (Perris), le colza cultivé (A. Dubois), le *Diplotaxis tenuifolia*!!, etc.; larve au collet de la racine. — En réalité répandu dans tout le bassin de la Seine.

C. quadridens Panz (p. 334). — Sur un grand nombre de Crucifères, principalement les Crucifères à siliques; larve observée dans les tiges (Goureau) ou à la racine (Rosenhauer) des *Brassica*.

C. atomus Bohem. (p. 334). — Vit très spécialement sur le *Stenophragma (Arabis) thalianum*; larve dans une galle de la tige (abbé Pierre, Ross, Urban, etc.); accidentellement sur d'autres Crucifères, telles que les *Alliaria*!!, *Cardamine*!!, *Isatis*

(Méquignon), etc. — En réalité répandu, bien qu'assez rare, dans tout le bassin dela Seine.

C. hirtulus Germ. (p. 335). — Sur diverses Crucifères; larve observée dans une galle sur les tiges de *Draba verna.*, nymphose en terre (Laboulbène); pris par moi-même à plusieurs reprises sur *Cardamine pratensis* (Bourges, Pas-de-Calais) et *C. amara* (environs de Bitche); signalé également par Urban et par J. Edwards sur *Nasturtium officinale.* (*J. S. C. D.*).

**C. pectoralis* Schultze, 1895, in *Deutsche ent. Zeit.*, [1895], p. 418; Weise, ibid., p. 437. — Künnemann in *Ent. Mitt.*, IX, [1920], p. 128 ([1]). — *chalybaeus* ‡ Weise, 1883. — Biologie : abbé Pierre in *Marcellia*, [1906], p. 177 (sub. nom. *cochleariae*) ([2]); Houard, *Zoocécidies d'Europe*, p. 465.

Larve dans une pleurocécidie des tiges de *Cardamine pratensis, C. hirsuta* et *Nasturtium pyrenaicum* (abbé Pierre); aussi en Allemagne sur *Cardamine amara* (Kolbe, Künnemann); en Hollande dans une galle des tiges de *Thlaspi arvense* (Everts, sub. nom. *chalybaeus*).

Oise : forêt de Compiègne!. — Eure : Cailly-sur-Eure!.

Morlaix (Hervé!!); Moulins (abbé Pierre!); Cognac!; Gers (J. Clermont); Allemagne, Autriche, Hongrie, Bulgarie, Espagne.

Obs. — Espèce reconnaissable, entre toutes celles à élytres bleus, par la couche de squamules serrées et d'un blanc pur qui revêt les pièces méso- et métathoraciques, et qui tranche vivement sur le revêtement clairsemé des autres parties du sternum et de l'abdomen.

C. chalybaeus Germ. (p. 335); Künnemann, l. c., p. 127. — *caerulescens* Gyllh., 1837, type : Paris (Chevrolat); non Reitt., 1916. — *moguntiacus* Schultze in *Deutsche ent. Zeit.*, [1895], p. 420. — var. *timidus* Weise in *Deutsche ent. Zeit.*, [1883], p. 325; Künnemann, l. c. — Biologie : abbé Pierre in *Rev. Sc. Bourbonnais*, [1901], sep., p. 10 (sub. nom. *moguntiacus*) et p. 12 (sub. nom. *caerulescens*).

Sur un grand nombre de Crucifères; observé par Schultze à Mayence sur *Diplotaxis tenuifolia*, dans l'Allemagne du Nord sur *Cochlearia armoracia* (H. Wagner, Delahon) et sur *Alliaria officinalis* (Kolbe, Künnemann); également sur *Alliaria* en Angleterre

(1) La synonymie des *Ceuthorrhynchus* du groupe de *chalybaeus*, jusqu'ici inextricable, a été parfaitement débrouillée par Künnemann, dont j'ai adopté toutes les conclusions. (*J. S. C. D.*).

(2) Rectification extraite d'une lettre de l'abbé Pierre à Bedel. (*J. S. C. D.*).

(J. Edwards); larve observée par l'abbé Pierre à Moulins dans le pétiole des feuilles inférieures de *Lepidium campestre*, où elle détermine une galle. La variété *timidus* Weise, à fémurs plus visiblement dentés, paraît vivre surtout aux dépens du *Sisymbrium officinale* sur lequel je l'ai prise en abondance en Provence; la larve, observée à Moulins par l'abbé Pierre, détermine une cécidie sur la nervure médiane ou le pétiole des feuilles de cette plante.

Assez répandu dans tout le bassin de la Seine.

Obs. — Je n'ai pas encore vu du bassin de la Seine le *C. Leprieuri* Ch. Bris., dont une race à tarses entièrement noirs (*Rübsaameni* Kolbe) remonte jusque dans l'Allemagne du Nord.

C. sulcicollis Payk. (p. 335). — Biologie : J.-J. Kieffer in *Feuille des J. Nat.*, XXII [1892], pp. 56 et 59, fig. 1, — Sur un grand nombre de Crucifères, notamment *Sinapis arvensis*, *Brassica cheiranthus*, *Sisymbrium officinale* (Kieffer), les *Alliaria*, *Capsella* (H. Brisout), *Sisymbrium sophia* (Weise), *Hesperis matronalis*, *Cheiranthus cheiri* (Hustache), etc.; la larve détermine au collet de la racine un renflement hémisphérique de la grosseur d'un pois (J.-J. Kieffer). — Assez rare dans le bassin de la Seine, où il ne se trouve guère que dans les environs immédiats de Paris, la partie Nord du bassin et la zone soumise à l'influence maritime.

C. barbareae Suffr. (p, 335). — Sur le *Barbarea vulgaris*, surtout à l'époque où la plante est encore en boutons!!; aussi sur les *Roripa* (E. Blanc, etc.). — Aisne : Braisne, sur *Senebiera coronopus* (A. Hoffmann, renseignement communiqué par M. A. Hustache). — Marne : Germaine, au Gouffre, sur un *Roripa* (Dr Bettinger). — Yonne : Avallon (Ch. Brisout!); Moulins-sur-Ouanne (Antheaume!). — Aussi à Bourges et à Châteauroux!!.

Obs. — Le *C. barbareae* indiqué par Hervé (*Cat. Col. Finistère*, p. 110) sur *Sinapis cheiranthus*, appartient à une autre espèce, *C. ignitus* Germ., laquelle existe également dans la Loire-Inférieure (coll. Dev.!!). En Allemagne le *C. ignitus* vit sur le *Berteroa incana*. (*J. S. C. D.*).

C. pervicax Weise, 1883, in *Deutsche ent. Zeit.*, XXII [1883], pp. 322 et 331. — *suturellus* ‡ Bed. (p. 336); cf. Schultze in *Deutsche ent. Zeit.*, [1898], p. 168. — Sur les *Cardamine pratensis* croissant dans les terrains boisés!!; aussi sur *C. amara* en Auvergne!!, et sur *Dentaria digitata* dans les forêts du Jura!! et de la Grande-Chartreuse (V. Planet!!); avril à juin. — S.-et-O. : Presles (Odier!). — S.-et-M. : Lagny (Hustache!!). — Oise : Mouy (L. Carpen-

tier!). — Aisne : Corcy (G. de Buffévent!!); Longpont!; Basse-
forêt de Coucy!!. — Marne : Avenay (Harez). — H^te-Marne : forêt
du Val!!. — Meuse : bois du Valtiérémont près Ancerville!!.

C. chlorophanus Rouget (p. 335). — Découvert par Rouget entre
Dijon et le village de Talant sur « *Erisymum lanceolatum* » (*Erysimum ochroleucum* D. C. des flores actuelles); retrouvé récemment
dans la même localité par A. Hustache!!; signalé autrefois par
Jacquet aux Echets près Lyon sur « *Erisymum* » = *Sisymbrium
officinale*.. — Aussi en Autriche aux environs de Vienne (H.
Scheuch!!).

Obs. — Schultze (*Deutsche ent. Zeit.*, [1898], p. 167) fait du
C. chlorophanus Rouget un synonyme du *C. viridanus* Gyllh., 1837,
décrit de Sibérie. Quelques années plus tard (ibid., [1903], p. 287, il
est revenu sur ce jugement dont il n'y a pas lieu dès lors de tenir
compte.

C. scapularis Gyllh. (p. 336). — Bords sablonneux des rivières,
au pied de *Roripa amphibia*!!; mai, juin. — Bords de la Seine, à
Charenton et à Chatou (H. Brisout), à Gennevilliers!!, à Colombes
(J. Magnin!!), à St-Germain et à Poissy (Ch. Brisout).

C. erysimi Fabr. (p. 336). — Sur un grand nombre de Crucifères, principalement sur les Siliculeuses, et notamment sur le *Capsella bursa-pastoris*!!; larve indiquée par Urban à la racine de cette
dernière plante; nymphose en terre.

C. contractus Marsh (p. 336). — Sur un très grand nombre de
Crucifères de tous genres!!; larve observée dans une galle des tiges
de *Thlaspi perfoliatum* (Frauenfeld, J.-J. Kieffer), sur lesquelles
elle détermine un renflement allongé situé près de l'inflorescence
aussi dans les tiges de *Thlaspi arvense* (Ross).

Obs. — Cette espèce est susceptible de variations assez sensibles,
qui paraissent en rapport avec la plante nourricière. Une race très
remarquable et peu connue (*pallipes* Crotch) paraît cantonnée dans
la petite île de Lundy Island (côte N. du Devonshire), où elle vit sur
un *Brassica* sauvage (Dr N.-H. Joy!!). Une autre race assez tranchée,
chez laquelle les stries sont notablement plus larges et plus profondes,
a été observée par M. V. Planet sur *Dentaria digitata* dans les forêts
de la Grande-Chartreuse.

**C. carinatus* Gyllh., 1837, ap. Schönh., *Gen. Spec. Curc.*, IV,
p. 559. — Bed., *Faune*, VI, p. 170.

Larve dans une pleuro-cécidie sur les tiges, les pétioles et l'axe de

BIBLIOTHÈQUE NATIONALE — R. F. — IMPRIMÉS

l'inflorescence du *Thlaspi perfoliatum*; nymphose en terre; éclôt en mai (observations faites à Marseille et extraites d'une lettre de M. H. Caillol à Bedel); observé aussi sur *Isatis tinctoria* (Méquignon). —S.-et-O. : côte de Saclas!. — Marne : Chenay (Dʳ Bettinger, vid. A. Hustache). — Hᵗᵒ-Marne : Eurville!!; Gudmont!!. — Yonne : Avallon!.

Assez répandu dans le Centre et le Midi de la France.

C. cochleariae Gyllh. (p. 336). — Biologie : Urban in *Ent. Blätt.*, [1918], p. 180. — Vit (en France et en Allemagne) sur le *Cardamine pratensis*!!; larve dans les siliques et nymphose en terre (Urban); découvert par Gyllenhal en Suède sur le *Cochlearia officinalis*.

C. assimilis Payk. (p. 337). — Sur un grand nombre de Crucifères de tous genres; larve observée par Goureau dans les siliques· des *Brassica* cultivés.

Obs. — La race qui se trouve sur le *Cardamine pratensis*, notamment dans le Boulonnais!!, se distingue du type par sa taille plus faible et par la ténuité du revêtement, au travers duquel les téguments ont un aspect plombé.

C parvulus Ch. Bris. (p. 337). — Observé aux environs de Paris sur *Lepidium campestre* (Bedel) et sur *Lepidium draba* (Méquignon), sur *Lepidium Smithi* en Angleterre (Ph. de la Garde) et dans le Finistère (Hervé). — S.-et-O. : Poissy!; Fresnes-lès-Rungis (Méquignon!). — S.-et-M. : Veneux-Nadon!

* **C. similis** Ch. Bris., 1869, in *L'Abeille*, V, p. 441. — *plumbeus* Schultze, 1898, in *Deutsche ent. Zeit.*, [1898], p. 243.
Sur les fleurs du *Thlaspi montanum*!!.
Haute-Marne : Villiers-sur-Marne, bois rocailleux au-dessus du canal, abondant du 15 au 30 avril!! — Marne : Jonchery-sur-Vesle (Dʳ Bettinger, vid. A. Hustache).
Bade (*type!*); Transylvanie : Kronstadt (Deubel, *types* de *C. plumbeus* Schultze).

C. thlaspis Ch. Bris. (p. 337). — Sur l'*Iberis amara*, au moment de la floraison (Dev., Bedel); aussi sur l'*Iberis umbellata* dans les Alpes-Maritimes!!. — Retrouvé çà et là dans tout le bassin de la Seine, au Nord au moins jusqu'aux environs d'Amiens (L.· Carpentier).

Obs. — Les caractères indiqués page 175, nota 2, ne sont pas toujours exacts en ce qui concerne le revêtement des interstries; ceux-ci présentent, tantôt une seule série, tantôt plusieurs séries de soies blanches.

* **C. curvirostris** Schultze, 1898, in *Deutsche ent. Zeit.*, [1898], p. 240. — Captures en France : A. Hustache in *Bull. Soc. ent. Fr.*, [1914], p. 113.

Marne : Rilly-la-Montagne (Ch. Demaison!!, coll. Hustache).
Autriche (H. Scheuch!!); Tarn, sur *Arabis turrita* L. (Galibert!!); Isère, Aude, Pyrénées (Hustache, l. c.).

Obs. — Espèce très voisine du *C. constrictus* Marsh.; en diffère par le pronotum muni de chaque côté d'un petit tubercule, et par le rostre sensiblement plus long, surtout chez les ♀, et beaucoup plus fortement incurvé.

C. constrictus Marsh. (p. 338). — Biologie : Urban in *Ent. Blätt.*, [1918], p. 130. — Sur l'*Alliaria officinalis*!!; la larve vit, d'après Urban, dans les siliques de la plante et non dans la tige comme l'avait indiqué Perris, probablement par suite d'une confusion avec celle du *C. alliariae*. — En réalité assez commun dans tout le bassin de la Seine.

C. arator Gyllh. ([1]). — Tout ce qui a trait au nom, à la synonymie et aux mœurs de cette espèce (pp. 172 et 339) est à rayer et à remplacer par l'indication suivante :

* **C. inaffectatus** Gyllh., 1837, ap. Schönh., *Gen. Spec. Curc.*, IV, p. 550, *type* : Paris (Chevrolat). — Schultze in *Deutsche ent. Zeit.*, [1903], p. 260. — ♀ *glabrirostris* Gyllh., 1837, *type* : Paris (Chevrolat). — Biologie : Buddeberg in *Jahrb. Nassau Ver. f. Nat.*, 37, p. 79 (sub *arator*).

Sur l'*Hesperis matronalis* (nombreux observateurs); larves dans les siliques; nymphose en terre à l'automne; l'adulte ronge les feuilles en mai-juin.

S.-et-O. : Saclas!; Vaucresson (A. Dubois). — S.-et-M. : Barbizon (Dr Marmottan!; Lagny (Hustache!!). — Marne : Reims (Warnier!!); Roucy (Dr Bettinger). — Oise (L. Carpentier). — Allier (H. du Buysson!!).

C. syrites Germ. (p. 338). — Biologie encore incertaine; indiqué par Urban sur diverses Crucifères (*Sisymbrium officinale*, *Sinapis arvensis*, *Camelina sativa*), mais sans observations personnelles à l'appui. — S. et S.-et-O. : Sucy-Bonneuil; Boissy-St-Léger (A. Da-

[1] Le véritable *C. arator* Gyllh. est une espèce exclusivement orientale.

vid!). — Marne : Sézanne; Muizon (Dr Bettinger). — Calvados :
Falaise (de Brébisson); Caen; Fresney-le-Puceux; forêt de Cinglais
(Fauv.).

C. napi Gyllh. (p. 339). — Biologie : abbé Pierre in *Marcellia*,
IV,[1905], p. 174. — Signalé sur un assez grand nombre de Crucifères, parmi lesquelles les *Brassica* cultivés, les *Barbarea* (Urban,
Dev.), les *Sisymbrium* (A. Dubois); larve observée par Taschen-
berg au bas des tiges du *Brassica napus*, par l'abbé Pierre dans
une cécidie irrégulière des tiges de *Sisymbrium officinale*; nymphose
en terre en juin.

* **C. rapae** Gyllh., 1837, ap. Schönh., Gen. Spec. Curc., IV,
p. 547. — Bedel, Faune, VI, p. 171.

Indiqué en Allemagne sur un grand nombre de Crucifères, notamment des genres *Hesperis, Brassica, Erysimum, Armoracia, Lepidium*;
larve observée à la racine du *Lepidium draba*, d'après Urban; nymphose en terre.

S.-et-M. : clos St-Laurent à Lagny, sur la Giroflée des jardins,
Cheiranthus cheiri (Hustache in *Bull. Soc. ent. Fr.*, [1915], p. 147).

Rare en France; beaucoup plus commun dans l'Europe centrale et
orientale et jusque dans l'Asie centrale.

C. nanus Gyllh. (p. 339). — Sur diverses Crucifères siliculeuses,
notamment l'*Alyssum maritimum* autour de Nice!!, le *Lepidium draba*
(Urban) et peut-être l'*Iberis amara* (Bedel); biologie précise inconnue. — S.-et-O. : Saclas!; La Ferté-Alais!. — S.-et-M. : Barbizon
(Dr Marmottan!). — Marne : Germaine!. — H^{te}-Marne : Gudmont!!.
— Côte-d'Or : Montbard!. — Yonne : Sens; Pont-sur-Yonne (Loriferne); Vincelles (Dr Populus).

Groupe 14 (*Amalorrhynchus* Reitt.).

C. melanarius Steph. (p. 339). — Sur *Nasturtium officinale* et
Roripa amphibia!!; larves dans les fruits; nymphose en place (Goureau). — Répandu dans tout le bassin de la Seine.

Obs. — Cette espèce, de même que les deux suivantes, est très
remarquable par la conformation du bord antérieur du pronotum,
plaqué contre le vertex et non relevé en collerette comme chez les
autres espèces du genre; ce mode de structure paraît corrélatif de la
nymphose en place.

Les *types* de *C. glaucus* Bohem. et de *C. camelinae* Bohem., synonymes de *melanarius* Steph., sont l'un et l'autre de provenance parisienne.

Groupe 15 (*Drapenatus* Reitt., 1912; *Drusenatus* Reitt., 1916).

C. nasturtii Germ. (p. 337). — Sur le Cresson de fontaine, *Nasturtium officinale* L.; larve dans les tiges et nymphose en place (Goureau). — Répandu dans tout le bassin de la Seine.

Groupe 16 (*Poophagus* Schönh.).

C. sisymbrii Fabr. (p. 343). — Sur *Roripa amphibia*!! et *R. nasturtioides* (E. Mocquerys); larve dans les tiges (hypothèse de Perris confirmée par J.-P. Johansen); nymphose en place, comme il est de règle pour les espèces des plantes aquatiques.

Obs. — J.-P. Johansen (*Danmarks Rorbiller*, p. 514) reproduit une curieuse observation de Kryger, d'après laquelle la larve de cette espèce serait attaquée dans ses galeries par celle du *Stenus binotatus* Ljungh.

Groupe 17 (*Tapinotus* Schönh.).

C. sellatus Fabr. (p. 343). — Sur le *Lysimachia vulgaris* (nombreux observateurs); larve au collet ou dans la racine de la plante (Rosenhauer, Buddeberg). — Assez répandu, bien qu'assez rare dans tout le bassin de la Seine.

Groupe 18 (*Sirocalus* Heyd., pars).

C. hepaticus Gyllh., 1837 (p. 339). — Sur le *Brassica cheiranthus* (Ch. Bris., Hervé). — S.-et-O. : Chavenay près Villepreux (A. Dubois!); Bouray!. — Oise : Beauvais!!. — Somme : St-Fuscien; Boutillerie; Vers (L. Carpentier!!). — Angleterre; France, surtout dans l'Ouest et le Sud-Ouest; rare ou absent dans l'Europe Centrale; se retrouve dans le Turkestan d'après une lettre de Faust à Bedel. (*J. S. C. D.*)..

C. floralis Payk. (p. 340). — Sur un nombre considérable de Crucifères très diverses; larve signalée dans les fruits de *Nasturtium silvestre, Barbarea praecox* et de divers *Lepidium* (Urban); nymphose en terre.

Obs. — V. Hansen (l. c., p. 190) a démembré du *C. floralis* une espèce très voisine, *C. cakilis* Hans., qui vit au bord de la mer sur les *Cakile maritima* et *Crambe maritima*.

***C. rhenanus** Schultze, 1895, in *Deutsche ent. Zeit.*, [1895],
p. 424.

Observé sur la Giroflée cultivée (*Cheiranthus cheiri*) et sur l'*Erysimum ochroleucum* (A. Hustache).

S.-et-M. : Lagny, clos S*t*-Laurent (Hustache!!). — Côte-d'Or :
environs de Dijon (Rouget, Hustache).

Coblenz; Bordeaux ; Transylvanie; Russie; Turkestan.

Obs. — Cette espèce diffère faiblement du *C. floralis* par sa taille
sensiblement plus forte, les tubercules latéraux du pronotum moins
développés et le revêtement parsemé, même en dehors de la suture,
de quelques squamules blanches plus larges et plus épaisses.

C. pulvinatus Gyllh. (p. 340). — Biologie : Urban in *Ent. Blätt.*,
[1917], p. 315. — Larve (en Allemagne) dans les siliques du *Sisymbrium sophia;* nymphose en terre (Urban); semble, dans le bassin
de Paris, fréquenter plus volontiers l'*Isatis tinctoria.* — S.-et-O. :
Versailles (A. Dubois); Cormeilles (J. Clermont). — Aisne :
Soissons, sur *Isatis tinctoria* (G. de Buffévent). — Eure : Pont-
Audemer (Degors!).

C. pyrrhorrhynchus Marsh. (p. 340). — Principalement sur le
Sisymbrium officinale (Dev., Bedel, Jacquet, etc.); larve probablement dans les siliques, mais sans observations précises à l'appui de
cette hypothèse. — Commun dans les environs immédiats de Paris,
la Normandie et le Nord du bassin; manque ailleurs.

C. posthumus Germ. (p. 341). — Sur le *Teesdalia nudicaulis;*
larve dans les silicules (Perris). — Beaucoup moins abondant que ne
l'indique la *Faune* et localisé comme sa plante nourricière sur les
affleurements siliceux du bassin parisien.

Groupe 19 (*Sirocalus* Heyd., pars).

C. apicalis Gyllh. (p. 340). — Prés humides et ombragés, sur
l'*Heracleum sphondylium* L. ; sort surtout vers 5 heures du soir et se
tient sur les feuilles inférieures de la plante; larve probablement au
collet de la racine (L. B.). — S.-et-O. : vallée de la Juine à Janville,
Saclas et Guillerval!; Courcelles; Presles (G. Odier). — Oise :
Coye!; Compiègne!; Monts (L. Carpentier!). — Aisne: La Ferté-
Milon (J. Magnin!); entre Corcy et Longpont; Crouy (G. de Buffévent!). — Aube : Bucey (G. d'Antessanty). — Eure : Cailly-sur-
Eure! — Aussi en Italie.

C. terminatus Herbst (p. 340). — Biologie (larve) : Xambeu in *Rev. d'ent.*, [1898], p. 31. — Sur un certain nombre d'Ombellifères, notamment les *Sium*, le *Chaerophyllum temulum* !!, le Persil cultivé (*Petroselinum sativum*), etc.; larve observée au collet des pieds de Persil (Estiot). — En réalité répandu dans tout le bassin de la Seine.

Genre **Rhytidosoma** Steph.

Ceuthorrhynchus subg. *Rhytidosoma* Bed., 1881.

R. globulus Herbst (p. 342). — Sur les rejets de *Populus tremula* !! (nombreux observateurs); biologie précise inconnue.

Genre **Micrelus** Thoms.

Ceuthorrhynchus subg. *Micrelus* Bed., 1881.
Espèces françaises : A. Hustache, l. c., p. 91.

M. ferrugatus Perris (p. 342). — Sur l'*Erica scoparia*; larve dans les fleurs (Perris). — Espèce à rayer de la faune du bassin de la Seine où d'ailleurs sa plante nourricière n'existe pas. En revanche, la station isolée de l'*Erica scoparia* et du *Micrelus ferrugatus* au Mont-Noir (frontière franco-belge) paraît hors de doute (*L. B.*).

M. ericae Gyllh. (p. 342). — Principalement sur *Calluna vulgaris* !!; aussi sur les *Erica cinerea* (Perris) et *tetralix* (Everts); larves dans les fleurs.

Genre **Ceuthorrhynchidius** Jacq.-Duv.

Ceuthorrhynchus (pars) Bed., 1881.
Espèces françaises : A. Hustache, l. c., p. 79.

C. horridus Panz. (p. 341). — Sur diverses Carduacées; biologie précise inconnue.

C. troglodytes Fabr. (p. 341). — Sur *Plantago lanceolata*; larve dans la partie inférieure des tiges (Buddeberg).

C. rufulus Duf. (p. 341). — *frontalis* Ch. Bris. — Sur divers *Plantago*, notamment *P. lanceolata* (Bed.), *P. maritima* sur le littoral du Pas-de-Calais et de la Vendée !!, *P. lagopus* en Algérie (P. de Peyerimhoff). — Biologie précise inconnue.

C. Dawsoni Ch. Bris.; Bed., *Fn.*, VI, p. 179. — Indiqué sur *Plantago maritima* (Bedel); beaucoup plus fréquent au pied des touffes isolées de *P. coronopus* croissant sur les falaises !!.

Pas-de-Calais : falaises du Boulonnais à Audresselles, Wimereux, Equihen, etc!!.

Irlande, île de Man, côtes de la Grande-Bretagne, à l'Ouest jusqu'à la Clyde, à l'Est jusqu'à la Tamise; Wight, Jersey ; côtes de Bretagne, Belle-Isle, côtes de Vendée; Provence (Hyères, Fréjus, La Sainte-Baume); plateaux de l'intérieur de l'Espagne, notamment à Pozuelo de Calatrava (La Fuente); côte occidentale du Maroc.

Genre **Rhinoncus** Steph.

Amalus (pars) Bed., 1881.

Revision : Reitter in *Wien. ent. Zeit.*, XIV [1905], p. 210.

R. *albocinctus* Gyllh. (p. 343). — Vit et se transforme dans les entre-nœuds du *Polygonum amphibium* var. *natans* (abbé Goury); chaque entre-nœud renferme une larve; la nymphe repose nue, accolée contre la paroi ou dans le fond de l'entre-nœud (lettre de l'abbé Goury à Bedel); signalé également sur *P. amphibium* var. *terrestre* (Mocquerys) et même sur *P. persicaria* (Decaux). — S. et S.-et-O. : dans la Marne à La Varenne!; dans la Seine à Juvisy (Antheaume!); étang des Fonceaux à Meudon (J. Magnin!); étang de Trappes (Bigot!). — S.-et-M. : dans la Seine au pont de Valvins (abbé Goury!). — Marne : Ste-Menehould!.

R. *perpendicularis* Reich. (p. 343). — Sur les *Polygonum*; larves dans les tiges de *P. amphibium* v. *terrestre* et de *P. hydropiper* (Buddeberg).

R. *pericarpius* L. (p. 344). — Larve observée dans les tiges du *Rumex obtusifolius* (Buddeberg); attaque aussi les racines de l'Oseille cultivée (Estiot).

R. *gramineus* F. (p. 344). — Sur les *Polygonum amphibium* et *nodosum*, d'après Bedel et Kaltenbach.

R. *castor* F. (p. 344). — Biologie : Buddeberg in *Jahrb. Nass-Ver. f. Nat.*, XLI (sep. p. 9). — Vit sur le *Rumex acetosella*!!; la larve se développe à la racine; nymphe au pied de la plante, dans une coque; l'adulte ronge les fleurs (Buddeberg).

R. *bruchoides* Herbst. (p. 344). — Sur des *Polygonum*, notamment *P. lapathifolium* L. (A. Dubois, etc.); larve observée dans les tiges de la même plante (Buddeberg). — En réalité répandu dans tout le bassin de la Seine.

Obs. — Par les temps chauds, cette espèce est capable d'exécuter de petits bonds de quelques centimètres, à la manière des *Orchestes*. (*J. S. C. D.*).

Genre **Amalus** Schönh.

Amalus (pars) Bed., 1881.

A. haemorrhous Herbst. (p. 345). — Dans les champs moissonnés, sur *Polygonum aviculare* (Bedel).

Genre **Phytobius** Schönh.

Amalus subg. *Pachyrrhinus* Steph., Bed., 1881.

P. denticollis Gyllh. (p. 345). — Rayer cette espèce et transférer tout ce qui la concerne au *P. quadrinodosus* Gyllh. — D'après Schultze (*Deutsche ent. Zeit.*, [1898], p. 162), le *P. denticollis* Gyllh. est à peu près certainement synonyme du *quadrinodosus*. Tout ce que j'ai dit précédemment (pp. 180-181) au sujet de cette espèce résulte d'une erreur matérielle. Ch. Brisout m'avait communiqué sous le nom de « *denticollis* » un *R. castor* collé sur le dos, associé à un *P. quadrinodosus* collé sur le ventre. Je ne me suis aperçu de cette confusion que trop tard pour publier la rectification en temps utile (*L. B.*).

P. quadrinodosus Gyllh. (p. 345). Sur *Polygonum amphibium* (Ch. Brisout). — S.-et-O. : Marly (Ch. Bris.!); forêt de Sénart (H. Bris.); La Ferté-Alais!. — Oise : Ivry-le-Temple (L. Carpentier!); Thury (F. de Vuillefroy!); Coye!. — Aisne : Soissons (G. de Buffévent!). — Somme : marais de Wailly et de St-Acheul (L. Carpentier!). — Calvados : forêt de Touques (Sédillot!); forêt de Cinglais (Fauvel). — Eure : Marais-Vernier (A. Degors!!). — Orne : L'Hôme!.

***P. granatus** Gyll. ap. Schönh., *Gen. spec. Curc.*, III, p. 400; — Bedel, *Faune*, VI, p. 181.

Graviers du bord des rivières. — *RR.*

Hte-Marne : bords du Rognon à Saucourt!!; juillet, août; ronge à l'état adulte les plantules de *Polygonum* récemment germées.

Autriche (Schüppel, *types*); Hongrie; Allemagne; France méridionale, assez commun!!; Espagne (Uhagon!); Algérie : littoral!.

P. quadricornis Gyllh. (p. 345). — Biologie : Urban in *Ent. Blätt.*, X, [1914], pp. 176-180, fig. (¹). — Sur des *Polygonum*, notam-

---

(1) Le mémoire original d'Urban, relatant les essais d'élevage en captivité du *P. quadricornis*, est plein de détails intéressants et mérite d'être lu en entier.

ment *P. lapathifolium* (H. Brisout) et *P. amphibium* var. *terrestre* (Urban); larve à l'extérieur des feuilles; nymphose dans une coque (id.).

P. comari Herbst. — Biologie : Rouget, *Cat. Col. Côte-d'Or*, p. 194; L. Carpentier in *Bull. Soc. Linn. N. Fr.*, IX, p. 281. — Obtenu d'éclosion par Rouget de petites coques d'un brun clair, assez molles, fixées à la face inférieure des feuilles du *Lythrum salicaria*; élevé par L. Carpentier de larves vivant sur la même plante. Ces observations concordantes, émanant de naturalistes connus pour leur conscience scientifique, paraissent élucider la question. Cependant je dois ajouter qu' H. Brisout signale l'insecte sur le *Polygonum persicaria* ; en outre je l'ai recueilli moi-même dans différentes régions (Vosges, Jura, Pas-de-Calais) sur le *Comarum palustre*, et parfois en telle abondance que je ne puis croire à une circonstance purement fortuite. (*J. S. C. D.*).

P. muricatus Ch. Bris. (p. 345). — *quadrinodosus* ‡ W. W. Fowl. (non Gyllh.). — Endroits marécageux; mœurs encore inconnues.—S.-et-O. : mares de Gargan; forêt de Rambouillet(J. Magnin!); vallée de la Juine à Saclas!. — Oise : viaduc de Coye!. — Aisne : étang de Corcy (G. de Buffévent!!).

Cher : domaine de Maubranche près Bourges!!; Allier : Broût-Vernet (H. du Buysson!); Angleterre : Kent (G. Champion!) et Cumberland; Brandebourg : Potsdam, un individu (letre de Schultze à Bedel!!).

P. quadrituberculatus Fabr. (p. 346). — Sur *Polygonum lapathifolium* et *P. persicaria* (H. Brisout); biologie précise inconnue. — Répandu dans tout le bassin de la Seine.

***P. velaris** Gyllh., 1827, *Ins. Suec.*, IV, p. 581; Bedel, *Faune*, VI, p. 182. Sables de rivières; circule sur la terre humide entre les plantules de *Polygonum*!!.

Aisne : Menneville, bords de l'Aisne (R. Ley). — Marne : Vitry-le-François, atterrissements de la Saulx!!. — Hᵗᵉ-Marne : environs de Sᵗ-Dizier, bords de la Marne et anciennes ballastières du chemin de fer de l'Est!!. Dalécarlie (type); Europe septentrionale et centrale.

P. canaliculatus Fåhrs (p, 346). — Biologie inconnue.

P. Waltoni Bohem, (p. 346). — Sur le *Polygonum hydropiper* Bedel, Perris); la larve, observée par Perris, vit dans les tiges et se transforme dans une coque fixée aux feuilles de la plante.

P. leucogaster Marsh. (p. 346). — Sur les *Myriophyllum,* notamment *M. verticillatum* (R. Jeannel!); l'insecte se tient sur les petites inflorescences émergées.

P. velatus Beck. (p. 346). — *hydrophilus* L. Duf.; cf. *C. R. Ac. Sc.,* XXIX, [1849], p. 91. — Également sur les *Myriophyllum*; larves à l'extrémité des petits rameaux immergés; l'insecte parfait se tient sur les inflorescences immergées, nage avec la même agilité qu'un *Hydroporus* et s'accouple dans l'eau (R. Jeannel). — Tout le bassin de la Seine. — Signalé de Détroit (Michigan) par Bentham.

Tribu **BARIDIINI.**

Notes et synopsis : Desbrochers in *Le Frelon,* II, [1892], p. 19; Reitter, *Best. Tab.,* XXXIII. [1895], p. 5.

Genre **Limnobaris** Bed.

Il existe en Europe deux formes de *Limnobaris,* longtemps confondues, et dont les caractères sont assez nets pour justifier une séparation spécifique :

TABLEAU DES ESPÈCES (¹).

Métasternum revêtu de squamules beaucoup moins serrées que les pièces latérales de la poitrine, lesquelles dessinent une sorte de T blanchâtre qui tranche nettement sur les parties adjacentes. Ventre à squamules moins serrées sur le milieu des premiers sternites. Interstries portant des soies courtes, ténues, peu serrées.................. **T album** L.

Métasternum, pièces latérales de la poitrine et sternites également revêtus d'une couche homogène et très serrée de squamules blanchâtres. Soies des insterstries beaucoup

(1) Le tableau qui suit, dû à Bedel, ne coïncide qu'imparfaitement avec celui qu'a donné Reitter (*Fn. Germ.,* V, p. 186). Il existe de petits individus (*T album* var. *pusio,* sensu Reitt.) qui présentent à la fois la squamulation du dessous entièrement dense et les soies des interstries alignées par une et assez courtes; ils me paraissent se rapporter mieux au *pilistriata* qu'au *T album.* (*J. S. C. D.*).

plus nombreuses, plus apparentes et en général assez lon-.
gues.. **pilistriata** Steph.

L. T album L., 1758, *Syst. Nat.*, ed. X, p. 379. — *dolorosa* Goeze,
1777. — *funerea* Geoffr. ap. Fourcr.. 1785. — *atriplicis* Fabr.,
1792. — *hypoleuca* Marsh., 1802. — *martulus* J. Sahlb., 1900. —
Tout le bassin de la Seine. — Europe septentrionale et moyenne;
Asie centrale (var. *sculpturata* Faust).

* **L. pilistriata** Steph., 1831, *Ill. Brit.*, VI, p. 10. — *pusio*
Bohem., 1844. — *T album* ‡ Payk., J. Sahlb.

Sur les *Carex* dans les marais, tantôt seul, tantôt associé avec le
T album L. — A. C..

Tout le bassin de la Seine.

Presque toute l'Europe, mais surtout dans l'Ouest et le Midi: aussi
sur les hauts plateaux de la province d'Oran (Dr H. Munier!).

Obs. — Cette espèce est le seul *Limnobaris* existant dans le Nord
de l'Afrique; c'est le « *T album* » cité de cette provenance dans ma
Faune (p. 347), à l'époque où les deux espèces étaient encore con
fondues. (*L. B.*).

Genre **Baris** Germ.

B. analis Ol. (p. 347). — Biologie : Molliard in *Rev. Gén. Bota-
nique*, XXI, p. 4. — Larves dans les rhizomes et jusque dans la base
des rameaux aériens de l'*Inula dysenterica*; provoque souvent une
altération tératologique des inflorescences (Giard, Molliard). —
S.-et-O. : Presles (J. Clermont!); La Ferté-Alais! — S.-et-O. :
Presles (J. Clermont!); La Ferté-Alais!. — S.-et-M. : vallée du
Loing à Nemours!. — Calv. : bruyères de Troarn (Fauvel). — Pas-
de-Calais : Merlimont près Berck; Wimereux (Molliard!). — Aussi
en Corse (!!) et en Asie Mineure : Tokat (Delagrange!); dans les
Iles Britanniques, l'espèce n'a encore été trouvée qu'à l'île de Wight.

B. morio Bohem. (p. 347). — Biologie : Urban in *Ent. Blatt.*,
[1913], p. 135, fig. — Larves dans les racines du *Reseda luteola*, dans
lesquelles l'insecte se transforme sur place en août. — S. et S.-et-O. :
Colombes (J. Magnin!); Meudon (G. Odier); Versailles (A. Dubois). — S.-et-M. : Lagny (Hustache).

B. artemisiae Herbst. (p. 348). — Terrains secs et découverts, sur
les pieds maladifs d'*Artemisia vulgaris*!; fin avril, mai, juin; larves
dans les racines !!. — S. et S.-et-O. : La Varenne, terrains vagues du che-

min de fer, 1901!; Vigneux (Dʳ R. Marie, 1910!); Draveil, Juvisy
(Antheaume, 1909!); bois Griffon près Villeneuve-Sᵗ-Georges
(F. Picard, 1906!); Sucy-en-Brie (Fleutiaux!); Montgeron (Ch.
Lefèvre, 1919). — Oise : Verneuil(Méquignon, 1910!); Monchy-
Sᵗ-Eloi; Laigneville (id., 1911!!). — Aisne : Folembray (G. de Buf-
févent, 1912!). — Hᵗᵉ-Marne : Sᵗ-Dizier, ballastière du chemin de
fer de l'Est, 1904!!; Eurville (Peschet, vers 1905).

Obs. — Cette espèce, naguère inconnue dans le bassin de la Seine,
appartient surtout à la faune steppicole de l'Europe orientale et centrale; il est possible que son extension, de même que le pullulement
de sa plante nourricière, soit un fait récent et en rapport avec le
développement des voies ferrées.

B. laticollis Marsh. (p. 348). Sur un grand nombre de Crucifères; signalé par L. Carpentier comme déterminant des cécidies
sur les racines de *Sinapis arvensis*, par Le Bouteiller comme provoquant des tubercules sur les tiges des pieds cultivés du *Matthiola
incana* R. Br.; larve observée en Allemagne par Urban dans les
racines de l'*Erysimum hieracifolium* et accessoirement dans celles de
l'*E. cheiranthoides*. — Cf. Houard, *Zooc. d'Europe*, et Urban in *Ent.
Blätt.*, [1917], p. 225.

B. cuprirostris Fabr. (p. 348). — Biologie : Buddeberg in
Jahrb. Nass. Ver. f. Naturk., XLIV [1891], sep., p. 7. — Larve observée dans la racine et la partie inférieure des tiges des *Brassica* cultivés (L. Dufour, Buddeberg); autrefois commun dans les quar-
tiers excentriques de Paris sur les remblais envahis par le *Diplotaxis
tenuifolia*!!; même observation faite à Mayence par L. v. Heyden
(*Käf. Nass. Frankf.*, ed. II, p. 353). — Manque en Normandie (Fauvel) et localisé en Picardie dans les dunes maritimes (L. Carpentier).

B. fallax H. Bris. (p. 349). — Semble, d'après un grand nombre
d'observations concordantes (Dʳ Bugnion, Dʳ Chobaut, G. de
Buffévent, Méquignon, etc.) être réellement inféodé à l'*Isatis
tinctoria*. — Marne : La Cheppe, sur l'*Isatis* cultivé (Méquignon!).
— Aisne : Soissons (G. de Buffévent!).

B. lepidii Germ. (p. 349). — Biologie : Urban in *Ent. Blatt.*
[1913], p. 175, fig. — Larve dans les racines du *Barbarea vulgaris*;
nymphose sur place (Urban); observé par H. Brisout sur les *Nasturtium silvestre* et *Roripa amphibia*, par Mocquerys sur *Lepidium
latifolium*. Urban (l. c.) semble douter que l'espèce qu'il a observée

soit la même que celle qu'avait en vue H. Brisout; je puis confirmer la polyphagie du *B. lepidii,* l'ayant recueilli moi-même à plusieurs reprises tant sur le *Barbarea* que sur le *Roripa amphibia.* —
Pas-de-Calais : St-Léonard!!. — Calvados : assez répandu (Fauvel).
— (*J. S. C. D.*).

B. *picicornis* Marsh (p. 349). Biologie : Urban in *Ent. Blätt.,*
[1913], p. 137, fig. — Sur le *Reseda lutea;* larve dans les racines et
nymphose sur place (Urban, Frauenfeld, etc.) (1).

B. *chlorizans* Germ. — Larve observée dans la partie inférieure
des tiges des *Brassica* cultivés. — S. et S.-et-O. : La Varenne!;
Poissy!.

Tribu **OROBITINI**.

Genre **Orobitis** Germ.

O. cyaneus L. (p. 350). — Larves dans les capsules de *Viola.* —
Aussi au Japon (!).

Tribu **CORYSSOMERINI**.

Genre **Coryssomerus** Schönh.

C. *capucinus* Beck. (p. 351). — Larves au pied des Corymbifères
des genres *Achillea, Leucanthemum* et *Matricaria.*

Tribu **BALANINI**.

Genre **Balaninus** Sam.

Revision : Desbrochers in *Le Frelon,* II, pp. 102 et 118.
Reitt. in *Wien. ent. Zeit.,* XIV [1895], p. 253.

B. *elephas* Gyllh. (p. 350). — Depuis que le *Castanea vulgaris* a
été introduit aux États-Unis, les châtaignes y ont été attaquées par
deux espèces américaines, *B. proboscideus* F. et *B. rectus* Say, dont
la dernière paraît très voisine du *B. elephas.* Leurs mœurs ont été
étudiées par Chittenden (*Yearb. Dept. Agric.,* [1904], p. 299, fig.).
(*L. B.*).

(1) Urban (l. c.) donne des détails curieux sur la manière dont la ♀ du
B. picicornis dépose ses œufs à la partie inférieure des tiges.

B. *pellitus* Bohm. (p. 351). — Très rare en Picardie et en Normandie; manque dans les Iles Britanniques. — Asie Mineure : Tokat (Delagrange!).

B. *turbatus* Gyllh. (p. 351). — **B. glandium** Marsh., 1802, *Ent. Brit.*, p. 284. — Cette synonymie, que je considérais déjà comme probable (VI, p. 289, note) est absolument certaine. En effet, il n'existe en Angleterre que trois *Balaninus* de ce groupe : *venosus* Grav., *nucum* L., et *turbatus* Gyllh. Les termes de la diagnose originale du *glandium* Marsh. : « *rostrum longitudine corporis* » ne peuvent s'appliquer au *venosus* Grav., dont le rostre est toujours plus court que le corps; comme d'autre part Marsham spécifie que le *glandium* vit « *in glandibus* » et le *nucum* L. « *intra coryli nuces* », l'espèce en question correspond forcément au *turbatus* Gyllh. (*L. B.*).

B. *venosus* Grav. (p. 351). — Se retrouve au Maroc et dans l'Ouest de la province d'Oran. — Chez cette espèce, les fémurs antérieurs sont longuement villeux.

B. *nucum* L. (p. 351). — Mœurs : Hess in *Forstwirtsch. Centrabl.* [1904], p. 427.

B. *betulae* Steph. (p. 352). — Sur les rameaux fructifères de l'*Alnus glutinosa* croissant en terrain sec, surtout en juillet!; se développe certainement dans les fruits de cet arbre. — Environs de Paris, rare, mais assez répandu!. — Calvados : forêt de Touques; forêt de Cinglais (Fauvel). — Marne : Épernay (Ch. Demaison).

Obs. — Le rostre est proportionnellement plus long que celui de l'espèce suivante; chez la ♀, il est au moins deux fois aussi long que le prothorax.

B. *rubidus* Gyllh. (p. 352) = **B. undulatus** Herbst, 1795, Käf., VI, p. 413, tab. 92, fig. 8; cf. Schönh., *Gen. Spec. Curc.*, VIII, pars 2, p. 305, nota 3.

Obs. — Cette synonymie, enregistrée dès 1845 par Germar, a passé inaperçue, perdue qu'elle est au milieu des *Addenda* au grand ouvrage de Schönherr. (*L. B.*).

B. *crux* Fabr. (p. 352). — Obtenu par L. Carpentier des cécidies produites sur les feuilles de *Salix* par le *Cryptocampus venustus* Zadd. et le *Pontania proxima* Lep., Hyménoptères de la famille des *Tenthredinidae* (1).

(1) Dans l'Espagne centrale, j'ai trouvé le *B. ochreatus* Fåhrs. sur des feuilles d'osier couvertes de cécidies du *Nematus gallicola* Steph. (*L. B.*).

B. salicivorus Steph. — *brassicae* auct. (non Fabr.) (¹). — Obtenu par L. Carpentier de cécidies produites sur les feuilles de *Salix* par les *Pontania proxima* Lep. et *P. Carpentieri* Konow.

Tribu **CALANDRINI** (²).

Genre **Sphenophorus** Schönh. (³).

S. piceus Pall. (p. 353). — S. et S.-et-O. : « mare au bord de la Seine, à l'extrémité du Champ-de-Mars, avant la construction du pont d'Iéna » (Duponchel in *Dict. univ. Hist. nat.*, III, [1843], p. 36, sub *Calandra abbreviata*); entre Gif et Courcelles (Daguin); étang de Trappes (Lesieur); rive droite de la Seine en aval du pont de Poissy!. — Cette espèce a une vaste extension géographique; elle se retrouve à Biskra, en Égypte, au Maroc et au Sénégal. (*L. B.*).

S. striatopunctatus Goeze (p. 353). — Eure : Évreux; Gisors (H. Portevin).

Genre **Calandra** Clairv.

Cordyla Thunb., 1815.

C. granaria L. (p. 354). — Biologie : Curtis, *Farm. Ins.*, p. 341; Millot in *La Nature*, [1916], p. 243, fig.

Tribu **DRYOPHTHORINI**.

Genre **Dryophthorus** Schönh.

D. corticalis Payk. (p. 354). — Indiqué par H. du Buysson comme trouvé dans les galeries du *Lasius niger* dans une souche de chêne et par Nicod et Falcoz dans celles du *L. brunneus* dans le saule.

(1) Le *Curculio brassicae* Fabr., 1792 = *Ceuthorrhynchus assimilis* Payk., 1792.

(2) D'après Faust (*Stett. ent. Zeit.*, [1886], p. 28, nota), les traits caractéristiques des *Calandrini* seraient la réduction des scrobes à une simple fossette et l'insertion basale des antennes chez les espèces à long scape. Les antennes sont glabres ou simplement sétulées; leur funicule est de 6 articles seulement et l'extrémité de la massue est seule feutrée. (*L. B.*).

(3) La larve d'un *Sphenophorus* des États-Unis et ses dégâts dans la racine d'un *Scirpus* sont figurés dans le Bulletin 22 de l'*U. S. dept. of agriculture* [1890]. (*L. B.*).

Tribu **COSSONINI**.

Genre **Pentarthron** Woll.

P. Huttoni Woll. (p. 354). — S. et S.-et-O. : Paris, dans les caves (A. Léveillé, 1890!; Ch. Clerc, Bedel, 1918); Versailles. dans des caisses vermoulues dans une cave (A. Dubois). — Somme : Amiens, au vol, un individu (Antoine!). — Haute-Marne : Rolampont (Peschet). — Calvados : jetée de Cabourg (Dubourgais); Luc-sur-Mer (Fauvel). — Manche : Banville près Carentan, en nombre dans une cuve à cidre (L. Garreta); [Granville (Fauvel)]. — Ile de Guernesey (Luff); Bruxelles (Guilleaume, 1919); Hollande.

Genre **Cossonus** Clairv.

C. linearis Fabr. (p. 355). — C'est l'espèce la plus abondante dans le bassin de la Seine depuis l'extension des plantations de peupliers.

C. planatus Bed. (p. 355). — Manque en Normandie d'après les notes manuscrites de Fauvel. Existe dans le Pas-de-Calais!!.

C. cylindricus Sahlb. (p. 355). — S.-et-O. : Carrières-sous-Bois, en nombre dans un peuplier (J. Magnin). — Oise : Coye (Dr A. Clerc!). — Manque dans le Nord et l'Ouest du bassin.

Genre **Rhyncolus** Steph.

R. lignarius Marsh. (p. 355). — Trouvé en nombre près de Paris dans l'aubier d'un tilleul mort sur pied (P. Estiot!).

R. punctatulus Bohem. (p. 356). — Biologie : Decaux in *Feuille J. Nat.*, XIX, [1889], p. 2. — Aussi dans le bois pourri du *Fraxinus ornus* et même du *Celtis australis* (Decaux).

R. reflexus Bohem. (p. 356). — Paris, dans les vieux marronniers du jardin du Luxembourg, mai 1885!!.

R. culinaris Germ. (p. 356). — *capitulum* Woll., 1858. — *compressus* Woll., 1860. — En nombre à Versailles, dans un tronc d'orme (A. Dubois); paraît manquer en Normandie en dehors de la ville de Rouen. — Trouvé à Madère où il a été probablement importé d'Europe.

Genre **Caulotrypis** Woll.

C. aenopicea Bohem. (p. 357). — Paris, quartier du Temple, dans une planche pourrie (J. Clermont); dans une cave du boulevard St-Michel, en nombre dans un vieux manche à balai en bois blanc, fin mars 1918!. — Somme : Amiens, dans une vieille latte en bois de chêne (L. Carpentier). — Calvados : Bayeux, dans un orme pourri (Fauvel). — Prusse orientale et Brandebourg (d'après Schilsky).

Genre **Codiosoma** Bed.

C. spadix Herbst (p. 357). — *sulcipenne* Woll., 1854. — Somme : Cayeux-sur-Mer, dans le bois d'une épave (Decaux). — Manche : [Granville (Fauvel)]. — Madère (Wollaston); récemment introduit en Australie et dans la Nouvelle-Zélande (cf. G. C. Champion in *Ent. Monthly Mag.* [1913], p. 32).

Tribu **NANOPHYINI**.

Genre **Nanophyes** Schönh.

Revision : Formánek et Melichar in *Wien. ent. Zeit.*, XXXV [1916], p. 65-79.

N. circumscriptus Aubé (p. 357). — Biologie : Pic in *L'Échange*, XVII [1901], p. 80. — Se développe dans une galle des tiges du *Lythrum salicaria*; nymphose fin juillet. — S.-et-O. : Chaville, à l'Étang-Vert, un individu (J. Magnin!); La Ferté-Alais, un individu!. — Oise : entre Le Lys et La Morlaye (G. Odier!). — Marne : marais entre Taissy et Sillery (Warnier!!, Dr Bettinger!). — Aussi en Thuringe (Hubenthal).

N. hemisphaericus Ol. (p. 357). — Larve dans une galle sur les tiges du *Lythrum hyssopifolium* L. — S.-et-M. : forêt de Fontainebleau!!. — Marne : forêt de Troisfontaines!!; forêt d'Épernay (Dr Bettinger!). — H^te-Marne : forêt du Val!!.

N. niger Waltl. (p. 358). — A rayer provisoirement de la faune du bassin de la Seine, où sa principale plante nourricière, l'*Erica scoparia*, n'est pas encore signalée. — Aussi en Portugal dans une cécidie de l'*Erica aragonensis* (R. P. Tavares!) et en Provence sur l'*Erica arborea*!!.

N. globiformis Kiesw., 1864, in *Berl. ent. Zeit.*, [1864], p. 264.
— *gallicus* Bed., 1887 (p. 428). — S.-et-O. : bords de l'Essonne en amont de La Ferté-Alais, octobre 1906!. — Lyonnais (Grilat); Grèce, Corfou, Russie, Autriche, Maroc (d'après Formánek). — Aussi à Dôle (A. Hustache!!).

N. marmoratus Goeze (p. 358). — Larves dans les ovaires du *Lythrum salicaria*. — J'ai pris à Coye près Chantilly un individu de l'ab. *Mülleri* Reitt., chez laquelle les téguments, y compris les pattes, sont entièrement noirs, à l'exception d'une fascie rougeâtre sur les élytres. (L. B.).

N. brevis Bohem. (p. 358). — Sur le *Lythrum salicaria*; biologie exacte inconnue. — Assez répandu bien qu'assez rare dans le bassin de la Seine, à l'exception des régions soumises à l'influence maritime (Boulonnais, Picardie, Normandie).

* **N. rubricus** Rosenh., 1856, *Th. Andalus.*, p. 298. — Bedel, *Faune*, VI, p. 201.
Sur le *Lythrum hyssopifolium*!!; larve dans une galle à la base des tiges (H. du Buysson). — R.
S.-et-O. : forêt de Marly, près de la Porte-Dauphine (Ch. Bris.!). — Marne : forêt de Troisfontaines!!. — Hte-Marne : forêt du Val!!.
France centrale, Europe méridionale, îles de la Méditerranée, Nord de l'Afrique.

N. globulus Germ. (p. 358). — Terrains siliceux humides; sur le *Peplis portula* (J. Magnin). — S.-et-O. : étang de Trappes (J. Bigot!). — S.-et-M. : forêt de Fontainebleau au plateau de Bellecroix (J. Magnin!). — Marne : étang d'Orléans près Épernay (Dr Bettinger); forêt de Troisfontaines!!. — Hte-Marne : forêt du Val!!. — Calvados : forêt de Cinglais (Fauvel).

. *N. flavidus* Aubé (p. 359). — Biologie : abbé Pierre in *Marcellia*, XII [1913], p. 27. — Sur les *Sedum reflexum* L. et *elegans* Lej.; provoque une cécidie sur les feuilles et sur les réceptacles floraux (1).
— S.-et-O. : Le Vésinet (Ch. Brisout!); coteaux de Lardy (Ph. Grouvelle!). — S.-et-M. : forêt de Fontainebleau!; Nemours (Ph. François!).

---

(1) Une très belle espèce du même groupe, *N. telephii* Bed., a été découverte par H. du Buysson dans l'Allier, où elle vit sur le *Sedum telephium* L. croissant dans les taillis; la larve provoque dans la tige un renflement charnu bien apparent, où l'insecte accomplit sa dernière métamorphose. — Cet insecte n'est nullement synonyme du *N. maculipes* Rey, ainsi que l'a fort bien établi H. du Buysson (*Rev. d'Ent.*, XXVII [1908], p. 88).

N. gracilis **Redt.** (p. 359). — Vit, comme le *N. globulus* et très souvent avec lui, sur le *Peplis portula* (**J. Magnin; G. C. Champion**; cf. *Ent. Monthly Mag.*, [1911], p. 214). — S.-et-O. : étang de Trappes (**J. Bigot!**). — S.-et-M. : forêt de Fontainebleau au plateau de Bellecroix (**J. Magnin**). — Marne : étang d'Orléans près Épernay (**Dr Bettinger**); forêt de Troisfontaines!!. — Oise : bois de Brotz, près L'Hôme!.

Obs. — En comparant les localités énumérées ci-dessus et p. 358 et 359 de la Faune, respectivement pour les *N. globulus* et *gracilis*, on constate qu'elles coïncident d'une manière presque absolue, les deux espèces se trouvant presque toujours associées sur la même plante.. (**J. S. C. D.**).

N. nitidulus **Gyllh.** (p. 359). — Sur le *Lythrum hyssopifolium*, souvent en compagnie des *N. hemisphaericus* et *N. rubricus*, et en général plus répandu et plus abondant que ses deux congénères; biologie précise encore inconnue. — S.-et-M. : forêt de Fontainebleau!. — Oise : forêt de Compiègne (**Dr Jeannel!**). — Marne : forêt de Troisfontaines!!. — H^{te}-Marne : forêt du Val!!. — Orne : St-Fraimbault-sur-Pisse (**Fauvel**). — Eure-et-Loir : Droue (colonel **Gruardet!!**).

N. Sahlbergi **Sahlb.** (p. 359). — Bords des étangs, en terrain siliceux; mai-juin et septembre-octobre; biologie inconnue. — S. et S.-et-O. : accidentellement en fauchant dans un terrain vague de l'avenue de Villiers (XVIIe arr.), mai 1884, un individu!!; étang de l'Ursine à Chaville, un individu (**J. Magnin!**); étang du Trou-Salé près Buc (**A. Dubois!**); étang de Saclay (**G. Odier**); étang du Perray près Rambouillet, en nombre (**Ph. Grouvelle!**). — Orne : étang de Brotz, près l'Hôme!, un individu.

Obs. — Les localités de *N. Sahlbergi* coïncident en partie avec celles du *N. globulus* et du *N. gracilis*; il serait intéressant de vérifier s'il ne vivrait pas également sur le *Peplis*. Le *N. Sahlbergi* paraît plus vagabond et plus erratique que ses congénères, et se rencontre souvent par individus isolés. Celui que j'ai pris dans l'intérieur de Paris, en compagnie de deux espèces de *Donacia*, avait été évidemment amené par un coup de vent du Sud-Ouest ayant passé sur la région des étangs. (**J. S. C. D.**).

Tribu **APIONINI**.

Genre **Apion** Herbst (¹).

Synopsis : Desbrochers in *Le Frelon*, III-VI [1893-1897]; Schilsky ap. Küster, *Käf. Eur.*, XXXVIII [1901], XXXIX [1902], XLII [1906] et XLIII [1906].

Revision des espèces italiennes : Schatzmayr in *Boll. Soc. ent. It.*, LV, [1921], p. 83; *Mem. Soc. ent. It.*, I [1922], p. 24 et 158.

Notes : H. Wagner in *Münchn. Kol. Zeitschr.* et *Wien. ent. Zeit.*, passim. — V. Planet in *Ann. Soc. ent. Fr.*, [1917], pp. 149-158.

1ᵉʳ Groupe (*Exapion* Bed.). (²)
NOUVEAU TABLEAU DES **Exapion**.

1. Revêtement des élytres homogène, composé de squamu-
    les piliformes d'un gris olivâtre ou cendré, assez égale-

(1) Il ne saurait être question, à propos d'une faune aussi restreinte que celle du bassin de la Seine, d'établir une nouvelle division du grand genre *Apion*. Dans la liste qui suit, je me suis borné, pour la facilité de la lecture, à conserver à peu près sans changement l'ordre et la division adoptés dans le tome VI, en indiquant seulement, pour chaque groupe, les noms des sous-genres correspondants créés par Schilsky et par Reitter. J'ai dû cependant séparer du 3ᵉ groupe l'*A. malvae*, visiblement égaré entre les *Apion* des *Urtica* et ceux des *Mercurialis*.

Le tableau d'ensemble de Schilsky, que j'ai étudié de près, n'est pas très satisfaisant et réclame plusieurs rectifications. Les caractères employés pour la séparation des groupes sont commodes pour la détermination facile et rapide des insectes, mais ils sont parfois superficiels et trop souvent sans aucune importance structurale. Entre les *Taeniapion* et les *Calcapion*, il n'y a en réalité aucune différence sérieuse. L'*A. flavofemoratum* détonne parmi les *Calcapion*, et se trouverait mieux placé dans le voisinage du *viciae* ou du *striatum*. De même Schilsky ne paraît pas avoir apprécié à sa valeur le petit groupe très homogène formé par les espèces des Labiées; l'adjonction de la section *elongatum-flavimanum-atomarium* aux *Catapion* (type : *A. seniculus*) est difficile à admettre. Quant au groupe des *Perapion* H. Wagn. (sensu Reitt.), il se compose d'un résidu de formes disparates n'ayant en commun que la brièveté du rostre.

Pour des raisons de symétrie, et à mon corps défendant, j'ai dû créer quelques noms nouveaux pour des subdivisions qui n'ont ni plus ni moins de raisons d'être que celles admises jusqu'à présent, ou pour certaines espèces isolées et aberrantes qu'on ne peut maintenir dans les groupes actuels. (*J. S. C. D.*).

(2) Le groupe des *Exapion* est très difficile et encore imparfaitement connu. Outre les sept espèces du tableau qui suit, la faune française comprend en outre au moins les trois suivantes :

ment réparties (parfois légèrement condensées sur la
région scutellaire ou sur certains des interstries).....   2.

— Revêtement des élytres composé de squamules de deux
genres : les unes piliformes, ochracées ou brunâtres,
occupant au moins la région suturale, les autres sensiblement plus larges, blanches ou blanchâtres, occupant au moins la majeure partie des 3ᵉ, 4ᵉ et 5ᵉ interstries ....   5.

2. Tête susceptible de s'enfoncer dans le pronotum à peu
près jusqu'au ras des yeux, en sorte qu'au bord postérieur de ceux-ci la ponctuation se réduit à une seule
rangée (parfois deux au plus) de points squamigères.
Revêtement du dessus assez léger, d'un gris cendré.   3.

A. subparallelum **Desbr.**, espèce voisine du *fuscirostre*, qu'elle remplace en Provence sur le *Calycotome spinosa*.

A. elongatulum **Desbr.**, dont j'ai pris quelques individus aux environs
de Bourges.

Enfin une espèce encore un peu critique, voisine de l'*A. compactum*, mais
sensiblement plus grande, avec les squamules de la fascie latérale des élytres
beaucoup plus larges et en général très blanches; elle vit, dans le midi de la
France (Roussillon, Languedoc, Bas-Rhône) sur le *Genista scorpius*!! C'est
probablement, malgré certaines divergences dans la description, l'*A. Reyi*
Desbr., et presque certainement l'*A. fasciolatum* **H. Wagn.** (*Wien. ent.
Zeit.*, XXXI, [1912], p. 88). L'*A. valentianum* **Clerm.**, capturé sur la même
plante à Valence (Espagne), pourrait bien aussi se rapporter à la même
espèce; l'individu typique que je possède ne diffère guère de ceux de Nîmes
que par la couleur des squamules. L'insecte n'a donc que trop de noms;
toutefois celui de *fasciolatum* **H. Wagner** (1912) est préoccupé par *fasciolatum* **Desbr.** (1894), synonyme de *rufulum* **Wenck.**, et ne saurait entrer
en ligne de compte.

On peut difficilement éloigner des *Exapion* le petit groupe des *Lepida-
pion* **Schilsky**, qui n'en diffère essentiellement que par l'absence complète
(dans les deux sexes) de l'oreillette dentiforme qui protège l'insertion antennaire. Les espèces françaises de ce groupe sont au nombre de deux. L'une,
qui est proprement le *squamigerum* **Duv.**, est abondante sur le *Genista
scorpius* dans les garrigues du Languedoc; l'autre n'est pas rare dans les
« brandes » du Centre et du Sud-Ouest de la France, où elle se développe
sur le *G. anglica*; je l'ai prise à Luant près Châteauroux, à Allogny près
Bourges, et **Bedel** l'a rapportée en nombre de Ribérac; c'est elle que
V. Planet (loc. cit.) cite de la Vienne (coll. **Oberthür**) et rapporte avec
doute à l'*argentatum* **Gerst.**; je croirais plutôt qu'il s'agit du *gallaecianum*
Desbr., du Nord-Ouest de l'Espagne. (*J. S. C. D.*).

— Tête non susceptible de s'enfoncer dans le pronotum jusqu'au ras des yeux, en sorte que la ponctuation et la
pubescence font largement le tour de ceux-ci. Revêtement assez épais, d'un gris olivâtre. — ♀, rostre très
développé, au moins égal à la moitié de la longueur
du corps.. 4.

3. Yeux peu saillants. Antennes entièrement rousses. Tarses
antérieurs ferrugineux. Fémurs intermédiaires et postérieurs plus ou moins rembrunis. Arrière-corps assez
allongé. — ♂, pattes antérieures longues; 1er article
des tarses antérieurs beaucoup plus long que large;
1er article des tarses intermédiaires et postérieurs
inerme.............................. **hungaricum** Desbr.

— Yeux saillants. Antennes rembrunies à l'extrémité. Tous les
tarses foncés; tous les fémurs roux, sauf les genoux.
Arrière-corps court, robuste. — ♂, pattes antérieures
robustes, pas plus longues que chez la ♀; 1er article
des tarses intermédiaires et postérieurs prolongés en
dessous en un ergot spiniforme, un peu arqué.......
.... **difficile** Herbst.

4. Antennes et pattes entièrement d'un roux testacé, sauf les
tarses et l'extrême base des fémurs. — ♀, rostre très
long, sensiblement arqué, dépourvu à la base d'oreillette dentiforme et simplement un peu épaissi.......
.... **uliciperda** Pand.

— Fémurs intermédiaires et postérieurs au moins en partie
rembrunis. — ♀, rostre très long, à peine arqué et
pourvu à la base d'une oreillette dentiforme comme
chez le ♂..................................... **ulicis** Först.

5. Pronotum plus long que large à la base, subconique. Arrière-corps assez élancé, un peu comprimé latéralement,
très gibbeux (vu de côté). Squamules blanches laissant
libres la base des 3e et 4e interstries, la moitié postérieure de ce dernier et presque tout le 5e, sauf la
base, et déterminant par suite une fascie oblique étroite.
Antennes entièrement rousses. — ♂, 1er article des
tarses intermédiaires et postérieurs prolongés en dessous en un ergot spiniforme robuste, un peu arqué...
.... **fuscirostre** Fabr.

— Pronotum légèrement transverse, arrondi sur les côtés.
Arrière-corps assez trapu, simplement convexe. — ♂,
1er article de tous les tarses inerme................ 6.

6. Interstries revêtus chacun de squamules homogènes depuis l'extrême base jusqu'à l'apex ; les 1er, 2e, 6e, 7e et
8e à squamules ferrugineuses, les 3e, 4e, 5e, 9e, et 10e à
squamules blanchâtres, en sorte que les élytres sont
rayées de fascies rigoureusement parallèles. Antennes
à scape roux, funicule noir et massue rousse ou brune ;
1er article du funicule beaucoup plus court que le scape.
— 2,2-2,7 mm........................ **genistae** Kirb.

→ Squamules blanchâtres n'atteignent ni la base du 3e interstrie, ni celle du 4e, en sorte que la fascie humérale
(souvent peu apparente), est limitée vers l'écusson par
une ligne oblique ou en escalier. Antennes entièrement
rousses ; 1er article du funicule subégal au scape ou
au plus d'un tiers plus court. — Long. 1,8-2,3 mm.
.... **compactum** Desbr.

A. *ulicis* Forst. (p. 360). — Larve dans les gousses des *Ulex
europaeus* et *U. nanus* (Perris). — Très commun dans les parties
maritimes du bassin de la Seine, où abonde l'*Ulex europaeus* ; rare
et localisé dans l'intérieur du bassin ; paraît manquer sur les affleurements jurassiques de la Champagne et de la Bourgogne.

*A. uliciperda Pand., 1867, ap. Grenier, *Mat. Fn. Fr.*, p. 184.
Larve dans les gousses de l'*Ulex nanus* (Perris).

Orne : Longlée près L'Home !

Ile de Jersey !! ; Centre, Ouest et Sud-Ouest de la France ; péninsule Ibérique.

*A. hungaricum Desbr. in *Le Frelon*, IV [1894], p. 146. —
H. Wagner in *Münchn. Kol. Zeitschr.*, III, p. 27. — *corniculatum* ‡
V. Planet, l. c., p. 153-154 (non Germ.). — *difficile* (pars) auct.,
olim.

Principalement sur le *Genista tinctoria* !! ; aussi en Allemagne sur
le *G. pilosa* (H. Wagner).

S.-et-O. : Montigny-Beauchamp ! ; Lardy ! — Hte-Marne : Gudmont !! ;
Chevillon !!.

Centre et Est de la France, Europe Centrale, Nord de l'Italie.

Obs. — Je ne puis me résoudre à adopter pour cette espèce l'in-
terprétation proposée par V. Planet (l. c.), parce qu'elle me semble

en contradiction formelle avec les descriptions originales de Germar et de Desbrochers. (*J. S. C. D.*),

A. *difficile* Herbst; Schilsky, XXXVIII, 39. — *difficile* (pars)
auct. — Sur le *Genista tinctoria,* souvent en compagnie du précédent, mais plus répandu et plus abondant; larve dans les gousses.
— Somme : forêt de Wailly (L. Carpentier). — Hte-Marne : Gudmont!!.

Obs. — Bach (*Käferf.*, II, p. 211) indique l'*A. difficile* comme
obtenu d'éclosion des gousses de *Genista sagittalis* et de *G. germanica*; sa description s'appliquant visiblement à plusieurs espèces mé-
langées, il est difficile de faire état de ce renseignement. (*J. S. C. D.*)

***A. compactum** Desbr., 1888, in *Ann. Soc. ent. Fr.* [1888],
Bull., p. 193. — *genistae* ‡ Bach, Budd., Pand., etc. (non Kirb.).
Se trouve à peu près exclusivement (en France) sur le *Genista pi-
losa*!!; signalé par Bach comme obtenu des gousses de cette plante,
et aussi de celles du *G. germanica*; indiqué par H. Wagner sur le
Cytisus capitatus en Autriche.

Yonne : Avallon (Ch. Brisout!). — Côte-d'Or : [Dijon (Rouget)],
sub. nom. *genistae*.

Assez commun en France dans le Centre, l'Est et le Sud-Est (Vos-
ges!!, Haute-Saône!!, Autunois!!, Mont-Dore!!, Bourges!!, Alpes-
Maritimes!!, etc.); région Rhénane jusqu'en Hollande, Danemark,
Europe Centrale, Nord de l'Italie.

Obs. — J'ai capturé à Montéchéroux (Doubs), sur le *Genista sagittalis,* un petit *Apion* extrêmement semblable au *compactum,* en
moyenne un peu plus petit, avec le revêtement encore plus fin, chez
lequel l'oreillette dentiforme de la base du rostre est très peu développée chez les ♀.

L'*A. compactum* indiqué par P. de Peyerimhoff (*Ann. Soc. ent.
Fr.*, 1911, p. 312) comme vivant en Algérie sur le *Genista tricuspidata*
est en réalité le *confusum* Desbr. L'erreur incombe à Desbrochers
lui-même, lequel, vers la fin de sa vie, était incapable de reconnaître les espèces qu'il avait lui-même décrites (*J. S. C. D.*).

A. *genistae* Kirb. (p. 360). — Observé très spécialement (en
France) sur le *Genista anglica*!!; larves dans les gousses de cette
plante (Perris); avril, mai, septembre. — S.-et-O. : station de Montigny-Beauchamp (J. Magnin). — Eure-et-Loir : Senonches!; environs de Dreux (J. Achard). — Eure : Cailly-sur-Eure!. — Orne :
env. de L'Home!. — Loiret : [Montigny-aux-Loges [Desbr.)]. —
Angleterre; Centre, Ouest et Sud-Ouest de la France; Portugal.

A fuscirostre **Fabr.** (p. 361). — Sur le *Sarothamnus scoparius;*
larve dans les gousses (Buddeberg).

2° Groupe (*Ixias* Bed., n. subg.) (1).

A. variegatum Wenck. (p. 361). — Biologie : H. de Guerpel
in *Rev. d'Entomologie,* XII [1893], p. 217 ; notes et dispersion : Bedel
in *Bull. Soc. ent. Fr.,* [1916], p. 310. — Sur les grosses touffes de
Gui (*Viscum album*), surtout celles qui parasitent les peupliers et les
pommiers ; larves dans les tiges ; l'adulte en août et septembre. —
S.-et-O. : Rueil (Hoffmann). — Oise : Neuville-Bosc ; Monts ; Héno-
ville (L. Carpentier!). — Marne : Bayes (G. d'Antessanty). —
Aube : St-Mards-en-Othe (Dongé!) ; Buccy ; Romilly (G. d'Antessanty). — Haute-Marne : Culmont (Dr A. Clerc) ; [Chassigny
(Ch. Clerc!)]. — Yonne : Héry (Comon). — Calvados : Fresney-
le-Puceux (Fauvel) ; Percy-en-Auge (H. de Guerpel!). — Eure :
Cailly-sur-Eure!.

3e Groupe (*Taeniapion* Schilsky + *Chalcapion* Schilsky).
***A rufulum** Wenck., 1864, in *L'Abeille,* I, p. 162. — Desbr.
in *Le Frelon,* III, pp. 37 et 40. — H. Wagner in *Wien. ent. Zeit.,*
XXXI [1912], p. 84. — *semirufum* Rey, 1888. — *fasciolatum* Desbr.,
1894.

Endroits secs et surtout lieux habités ; vit exclusivement sur l'*Urtica urens* (Bedel, H. Wagner) ; printemps, automne. — R.

S.-et-O. : carrière de sable à Villebon près Palaiseau! ; Saclas! ;
Fontaine-la-Rivière! ; La Ferté-Alais, commun!. — S.-et-M. : Barbizon
(Dr Marmottan!) ; Seineport près St-Fargeau (A. Honoré!).

Ile de Jersey!! ; France orientale et méridionale (Autun, Lyonnais,
Avignon, St-Raphaël, etc.) ; Allemagne jusqu'à Berlin, Bohême, Hon-
grie, côtes de l'Adriatique (v. *Zoufali* Wagn.) ; Grèce, Crète, Asie
Mineure (v. *notatum* Wagn.) ; Algérie, Maroc (v. *Rolphi* Wagn.).

Obs. — Diffère de l'*A. urticarium* par son rostre relativement un
peu plus court dans les deux sexes, le plus souvent entièrement roux,
et par les dessins des élytres plus tranchés et de teinte plus vive ;
d'ailleurs assez variable suivant les races.

A. urticarium Herbst (p. 361). — Sur l'*Urtica dioica* ; larve dans
la tige près des nœuds ; nymphose en place (2) (Frauenfeld).

(1) Apion *corpore piriformi, tegumentis castaneis, cinereo luteoque pi-
losis, tibiis brevibus, compressis.* — In *Visco albo* degens, (J. S. C. D.).
(2) La nymphose en place est la règle dans le genre *Apion* ; il n'en sera
plus fait mention par la suite. (J. S. C. D.).

A. pallidipes Kirb. (p. 362). — Sur le *Mercurialis perennis* (nombreux observateurs).

A. semivittatum Gyllh. (p. 362). — Biologie : abbé Pierre in *Rev. Sc. Bourbonnais*, [1897], sep., p. 1; Hudson Beare in *Ent. Monthly Mag.*, [1907], p. 235. — Sur *Mercurialis annua*; larve dans les nœuds de la tige (Perris, Hudson Beare); les nœuds attaqués sont plus ou moins hypertrophiés (abbé Pierre).

4e Groupe (*Omphalapion* Schilsky).

A. laevigatum Payk. (p. 362). — Sur diverses Corymbifères; larve dans les réceptacles de *Matricaria chamomilla* et *M. inodora* (d'après Kaltenbach) et d'*Anthemis arvensis* (Letzner). — Pas-de-Calais : Ecault, près Boulogne-sur-Mer!!. — Seine-Inférieure : Yport!!. — Calvados : Villers-sur-Mer!. — Orne : Miserai, près L'Hôme!.

A. Brisouti Bed. (p. 363). — Sur l'*Anthemis arvensis* (Hervé, d'après Bedel). — S.-et-O. : Bièvre près Saclay (G. Odier, 1906, un ♂!). — Pas-de-Calais : environs de Boulogne!!. — Calvados : Maltot, forêt de Cinglais; Fresney-le-Puceux (Fauvel). — Orne : Miserai, près L'Home!. — Francfort-sur-Oder (Mühl, d'après Bedel).

Obs. — Je ne serais pas étonné que cette espèce soit la même que Schilsky décrit sous le nom de *dispar* Germ.; Bedel considérait l'*A. dispar* Germ. comme probablement synonyme d'*A. Hookeri* Kirb., ce qui explique qu'il l'ait redécrit en 1887. (*J. S. C. D.*).

A. Hookeri Kirb. (p. 363). — Sur *Matricaria inodora* (nombreuses observations concordantes), et notamment en Angleterre sur *M. inodora* v. *maritima* (W. W. Fowler); larve dans les capitules (id.)

5e Groupe (*Ceratapion* + *Diplapion* + *Taphrotapion* Schilsky).

A. onopordi Kirb. (p. 363). — Biologie : Urban in *Ent. Blätter*, [1913], p. 178. — Sur diverses Carduacées, notamment l'*Onopordon acanthium*, les *Centaurea*, *Cirsium*, etc.; larve dans les tiges de *Centaurea* (Perris, Frauenfeld) ou au collet de la racine de l'*Onopordon* (Urban); la ♀, d'après ce dernier observateur, choisit pour pondre les pieds de cette plante bisannuelle ayant déjà une année d'existence.

A. Caullei Wenck., 1858, type : Bretagne; *distans* Desbr., 1889; Schilsky. — *penetrans* Bed., *Fne*, VI, pp. 213 et 264 (? non

Germ., non Schilsky). — Sur divers *Centaurea*, particulièrement *C. jacea* dans le bassin de Paris, *C. cyanus* (Goureau), *C. paniculata* (Frauenfeld); larve au collet de la racine.

Obs. — On ne trouve pas dans le bassin de la Seine l'*A. penetrans* tel que le comprend Schilsky (XXXIX, 18). Bien que les caractères invoqués pour séparer les deux espèces soient faibles et assez inconstants, on peut maintenir provisoirement l'*A. Caullei* jusqu'à nouvelle revision du groupe. (*J. S. C. D.*)..

A. scalptum Muls. Rey (p. 364). — Sur les Carduacées (d'après Wencker); biologie exacte inconnue.

A. carduorum Kirby (p. 364). — Sur un grand nombre de Carduacées; larve observée dans la côte médiane des feuilles de l'Artichaut cultivé, *Cynara scolymus* (Perris, Estiot), dans les tiges du *Cirsium arvense* et du *Cirsium acanthoides* (Frauenfeld); aussi sur *Cirsium palustre*!!.

Obs. — L'*A. carduorum*, tel qu'il est compris actuellement, est d'une assez grande variabilité et paraît se décomposer en un certain nombre de races correspondant peut-être à diverses plantes nourricières. Parmi ces races, la plus caractérisée est l'*A. galactitis* Wenck., très commun dans le midi de la France et qui se prend parfois, mais rarement, dans le bassin de la Seine. (*J. S. C. D.*).

A. armatum Gerst. (p. 364). — Vit certainement aussi sur des Carduacées; biologie précise inconnue, — S.-et-O. : Bouray (Duchaine!), un ♂; Rueil, dans un jardin, sur l'*Echinops ritro* (A. Hoffmann). — Oise : côte de Monchy, probablement sur une espèce du genre *Centaurea* (Méquignon!). — Pas-de-Calais : Bruay (Dᶜ Marmottan!). — Marne : Châlons-sur-Marne (Nicod, coll. Hustache!!). — Hᵗᵉ-Marne : Gudmont, septembre 1913, dans des vignes abandonnées, où il paraissait vivre sur le *Carlina vulgaris*!!. — Calv. : Fresney-le-Puceux (Fauvel).

Obs. — L'épaississement des antennes chez le ♂ paraît variable et en rapport avec le développement général des individus.

V. Planet (l. c., p. 150) rapporte, non sans quelque doute, à l'*A. austriacum* H. Wagner un *Apion* de ce groupe découvert dans les Hautes-Alpes sur le *Xeranthemum erectum*. L'espèce en question a été reprise en nombre aux environs de Castres (Tarn) par M. Galibert; elle s'y tient sur le *Xeranthemum cylindraceum*. J'ai pu étudier un assez grand nombre d'exemplaires des deux provenances. Le ♂ est très remarquable par le développement de la massue antennaire, allongée, fusiforme et revêtue d'un long duvet feutré. Par cette particularité, comme d'ailleurs par l'ensemble de ses caractères, l'espèce en question répond très bien à la description de l'*A. clavatum* Schilsky., auquel, à mon sens, il ne faut pas hésiter à la rapporter. (*J. S. C. D.*).

A. confluens Kirb. (p. 365). — Biologie : L. Carpentier in *Bull. Soc. Linn. N. Fr.*, XII, p. 309. — Sur le *Matricaria chamomilla* (nombreux observateurs); larve dans les tiges de cette plante (L. Carpentier); aussi sur *M. inodora* en Lorraine!!.

A. stolidum Germ. (p. 365). — Sur le *Leucanthemum vulgare* (nombreux observateurs). — Urban (*Ent. Blätt.*, [1921], p. 94) rapporte au *stolidum* Germ. un *Apion* dont il a observé le développement dans les tiges du *Matricaria inodora*; il est possible qu'il y ait confusion de nom avec l'espèce précédente (*stolidum* Gyllh., non Germ.). (*J. S. C. D.*).

A. brunneipes Bohem. (p. 365). — Sur de petites Composées du genre *Filago*; larve dans une galle du bourgeon terminal de *F. gallica* (Perris); aussi sur *F. minima* à Fontainebleau (Duchaine). — En réalité répandu, bien qu'assez rare ; dans tout le bassin de la Seine.

6° Groupe (*Aspidapion* Schilsky).

A. radiolus Marsh. (p. 365). — Sur diverses Malvacées, notamment plusieurs espèces du genre *Malva*, ainsi que sur *Althaea rosea* et *A. officinalis*!!; larve observée dans les tiges de *Malva silvestris* (Perris, Frauenfeld).

A. aeneum Fabr. (p. 366). Sur diverses Malvacées, notamment l'*Althaea rosea* dans les jardins!!; larve observée dans les tiges des *Malva silvestris* et *M. rotundifolia* (Kaltenbach, Goureau).

7° Groupe (*Pseudapion* Schilsky).

A. rufirostre Fabr. (p. 366). — Sur diverses Malvacées; larve dans les fruits des *Malva silvestris* et *rotundifolia* (Kaltenbach).

A. fulvirostre Gyllh. (p. 366). — Sur diverses Malvacées, notamment sur *Althaea officinalis* sur les côtes atlantiques de la France!! et sur *Malva moschata* en Champagne!!; larve observée par Perris dans les fruits de l'*Althaea officinalis*. — Marne : forêt de Troisfontaines, dans les coupes récentes!!. — Nièvre : Brassy, en assez grand nombre (Méquignon!!).

Obs. — Les individus capturés sur l'*Althaea officinalis* constituent une race assez distincte de ceux qui vivent sur le *Malva moschata*; chez les ♀ des premiers, l'arrière-corps est sensiblement plus allongé et le revêtement des élytres, plus ténu, masque moins le fond noir et brillant. (*J. S. C. D.*).

8° Groupe (*Perapion* Wagn., pars).

A. *malvae* Fabr. (p. 361). — Sur diverses Malvacées; larves observées dans les fruits du *M. silvestris* (Perris) et du *M. rotundifolia* (Bach).

9ᵉ Groupe (*Protapion* Schilsky, 1908 = *Podapion* Schilsky, olim).

A. *laevicolle* Kirb. (p. 368). — Biologie : Bargagli, *Rincof. eur.*, p. 158. — Larve dans une galle du *Trifolium repens* (Bargagli); vit bien réellement aux dépens de cette plante au pied de laquelle je l'ai trouvé en nombre sur les falaises du Croisic (Loire-Inférieure)!!. — S.-et-O. : étang de Saclay (G. Odier); Versailles, une seule ♀ (A. Dubois!). — Angleterre au sud de la Tamise, France maritime, centrale et méridionale, péninsule Ibérique, Barbarie et tout le bassin de la Méditerranée jusqu'en Dalmatie, en Herzégovine, à Corfou, en Grèce, à Constantinople et en Syrie. (*J. S. C. D.*).

A. *Schönherri* Bohem. (p. 366). — Biologie inconnue; à en juger par l'aspect de ses téguments et par ses stations, doit probablement être gallicole sur un *Trifolium* des terrains sablonneux. — Calv. : prés du Val à Fresney-le-Puceux (Fauvel!); forêt de Cinglais; Fontenay-le-Marmion (id.). — Centre et sud de l'Angleterre, Wight, Jersey; çà et là en France, notamment à Noirmoutiers, le long de la Loire et dans le bassin du Rhône; Toscane, Monte Gargano, Bosnie, Serbie, Banat.

Obs. — Le singulier caractère masculin fourni par la structure des antennes, dont les premiers articles sont épaissis et dont le 6ᵉ (5° du funicule) est beaucoup plus long que ses deux voisins, est resté inaperçu jusqu'à Schilsky (XXXVIII, 81). (*J. S. C. D.*).

A. *difforme* Germ. (p. 367). — Biologie incertaine; capturé sur le littoral belge sur le *Trifolium arvense*, en compagnie du suivant (F. Guilleaume in *Bull. Soc. ent. Belg.*, [1919], p. 103. — Angleterre, régions maritimes de l'Allemagne du Nord, des Pays-Bas et de la Belgique, toute la France ([1]), Algérie, Nord de l'Italie, Sicile, Corfou,

(1) A l'Est jusqu'au Simbach-Mühle, frontière entre la Lorraine et la Sarre!!.

Grèce, Crète, Syrie; paraît faire défaut dans le centre du continent européen. (*J. S. C. D.*).

A. dissimile Germ. (p. 367). — Sur le *Trifolium arvense* (nombreux observateurs); biologie précise inconnue; éclôt en août!. — Assez rare, mais répandu dans tout le bassin de la Seine.

A. variipes Germ. (p. 367). — Sur divers *Trifolium;* obtenu d'éclosion des capitules déformés de *T. montanum* (J.-J. Kieffer, cité par P. Scherdlin ap. Bourgeois, *Cat. Col. Vsg.*, p. 523).

Obs. — Le nom spécifique de cette espèce doit s'écrire correctement *variipes*, de *varius*, bigarré, et non *varipes*, de *varus*, cagneux; dans sa description originale, Germar ne fait allusion qu'à la coloration des pattes et non à leur forme. (*L. B.*).

**A. assimile* Kirb., 1808, in *Trans. Linn. Soc. Lond.*, IX, p. 42. — Schilsky, XXXVIII, 88. — *Bohemanni* Bed. (pars). — *incertum* Desbr.

Bords des chemins, prairies, lisière des bois; larve signalée par Frauenfeld dans les capitules déformés du *Trifolium ochroleucum*, par J.-J. Kieffer (ap. Bourgeois, l. c., p. 524) dans ceux de la même plante et du *T. pratense*. — *CC.*

Tout le bassin de la Seine.

Europe, Barbarie, Syrie.

Obs. — Malgré ce qu'en dit Bedel (pp. 209, nota, et 367), l'*A. assimile* est indubitablement une espèce différente de l'*A. ononicola* Bach. Les deux espèces ont en commun la petite épine qui arme chez les ♂ les hanches antérieures et intermédiaires. Le ♂ d'*ononicola* est extrêmement facile à reconnaître à la forme du rostre, très épaissi en arrière des insertions antennaires, et présentant son maximum de largeur à l'extrême base; les cils qui garnissent le funicule sont très longs et très arqués. Les ♀ sont un peu moins aisées à séparer; cependant celle de l'*A. assimile* se distingue, outre sa taille régulièrement d'un quart ou d'un tiers plus faible, par son rostre légèrement dilaté aux insertions antennaires et parfaitement cylindrique en arrière, et par ses yeux plus courts, plus saillants et un peu plus obliques. (*J. S. C. D.*).

A. ononicola Bach, 1854, *Käferf.*, II, p. 195; Schilsky, XXXVIII, 85. — *Bohemanni* Thoms., Bed. (p. 367). — Sur les *Ononis*, surtout les espèces à fleurs roses et notamment sur les *O. spinosa* et *O. repens* (nombreux observateurs); larve observée par Perris dans les gousses de l'*O. spinosa*. — Peu abondant en dehors de la région maritime (*J. S. C. D.*).

A. apricans Herbst. (p. 368). — Sur divers *Trifolium*; larve observée dans les capitules du *T. pratense* (Guérin-Méneville) et du *T. montanum* (Frauenfeld).

A. trifolii L. (p. 368). — Sur divers *Trifolium;* larve observée dans les capitules du *T. pratense* (Frauenfeld).

***A. gracilipes** Dietr., 1857, in *Ent. Zeit Stett.* [1857], p. 134. — Wenck. in *L'Abeille*, I, p. 205. — Desbr. in *Le Frelon*, IV, p. 193. — Schilsky, *Käf. Eur.*, XXXVIII, n° 79. — Biologie et dispersion : H. Wagner in *Deutsche ent. Nationalbibl.*, [1911], p. 96.

Terrains montueux et boisés; vit exclusivement sur le *Trifolium medium* L. (nombreuses observations concordantes); larves dans les capitules (H. Wagner); éclosion de fin juillet en septembre, suivant les climats. — R.

Aube : pentes de la montagne Ste-Germaine au-dessus de Bar-sur-Aube!. — H^te^-Marne : Gudmont!!.

France orientale (Franche-Comté et Dauphiné); Suisse, Allemagne du Centre et du Sud, Autriche, Hongrie, Pologne, Lithuanie.

A. dichroum Bed. (p. 368). — *flavipes* Payk., 1792, auct. (non Fabr., 1775). — Sur divers *Trifolium*; larve observée dans les capitules de *T. repens* (Kirby).—

Obs. — Le nom de *Curculio flavipes* Payk., 1792, est indubitablement primé par celui de *flavipes* Fabr., 1775, qui se rapporte à une autre espèce (probablement *variipes* d'après Schilsky). Malgré ce qu'en dit ce dernier, Bedel était donc parfaitement fondé à donner au *flavipes* Payk. un nouveau nom. (*J. S. C. D.*).

A. nigritarse Kirb. (p. 368). — Sur divers *Trifolium*, notamment *T. repens, procumbens* et *fragiferum* (renseignement provenant de Perris et répété par tous les auteurs).

Obs. — H. Wagner (*Ent. Mitt.*, [1912], p. 9) a discuté l'existence d'hybrides possibles entre cette espèce et la précédente. Les formes suspectes d'hybridité n'ont d'ailleurs pas été observées dans l'Europe occidentale.

A. filirostre Kirb. (p. 369). — Observé sur *Medicago lupulina*, en Angleterre par J. le B. Tomlin (*Ent. Monthly Mag.*, [1907], p. 276) et par moi-même à Bourges!!; signalé en Belgique sur *Trifolium minus* d'après Guilleaume; biologie précise inconnue.

10e Groupe (*Synapion* Schilsky).

A. ebeninum Kirb. (p. 370). — Sur les *Lotus* (*L. uliginosus* et *L. corniculatus*) croissant dans les lieux ombragés ou humides; aussi sur *Orobus vernus* d'après Schilsky; larve dans les gousses de *Lotus* (indication de Bach reproduite par Bedel, l. c.). — En réalité répandu et assez commun dans tout le bassin de la Seine.

11e Groupe (*Neoxystoma* Bed., 1912) (1).

A. Pomonae Fabr. (p. 372). — Sur les Légumineuses du groupe des Viciées; obtenu des gousses de *Vicia sepium* (Walton) et de *Lathyrus pratensis* (Perris).

A. craccae L. (p. 372). — Comme le précédent; obtenu des gousses de *Vicia cracca* (Degeer), *V. hirsuta* (Bach), *V. multiflora* et *Lathyrus silvestris* (Perris).

A. cerdo Gerst. (p. 372). — Sur le *Vicia cracca* (nombreux observateurs); Bourgeois (l. c., p. 517) affirme l'existence de la larve dans les gousses. — Tout le bassin de la Seine.

A. opeticum Bach (p. 372). — Sur les *Orobus;* larve dans les gousses de l'*O. vernus* (Dietrich); se prend dans le bassin de la Seine sur l'*O. tuberosus* (Bedel, Dev., etc.). — S.-et-O. : bois de Fausses-Reposes (A. Dubois). — Hᵗᵉ-Marne : Gudmont!!. — Yonne : Avallon!. — Eure : Évreux (H. Portevin). — Calvados : forêt de Cinglais; bois de la Tour (Fauv.).

Obs. — Le ♂ de l'*A. opeticum* porte sur le milieu du métasternum un petit tubercule aigu.

A. subulatum Kirb. (p. 373). — Larve observée dans les gousses de *Lathyrus pratensis,* (Spence) et dans celles du *Lotus corniculatus* (Perris); vit principalement, dans le bassin de la Seine, sur la première de ces plantes!!. — Répandu dans tout le bassin de la Seine, du Nord au Sud et de l'Est à l'Ouest.

A. ochropus Germ. (p. 373). — Larve observée dans les gousses de *Vicia sepium* (Dietrich) et de *Lathyrus tuberosus* (Bach); aussi sur *L. silvestris* (d'après Wencker). — Aisne : environs de Soissons (G. de Buffévent!). — Hᵗᵉ-Marne : Gudmont!!. — Rare dans le bassin de la Seine et beaucoup plus commun dans les régions montagneuses (Alpes!!, Pyrénées!!, Auvergne!!).

(1) *Oxystoma* ‡ auct. (non Duméril); cf. Bedel in *Bull. Soc. ent. Fr.,* [1912], p. 274. — *Oxystoma* Dum. est purement et simplement synonyme d'*Apion* Herbst.

12º Groupe (*Eutrichapion* Schilsky (pars) + *Pirapion* Reitt.).

A. unicolor Kirb. (p. 371). — Sur *Vicia cracca* (Dietrich).

A. Gyllenhali Kirb. (p. 371). — Biologie : J.-J. Kieffer ap. Bourgeois, l. c., p. 525. — Sur des *Vicia;* larve dans un renflement uniloculaire à paroi mince, situé sur la tige ou le pétiole des feuilles de *V. cracca* et *V. sepium* (J.-J. Kieffer). — Çà et là dans tout le bassin de la Seine.

A. Spencei Kirb. (p. 371). — Sur *Vicia cracca* (Bed.). — Tout le bassin de la Seine.

A. columbinum Germ. p. (370). — Sur *Lathyrus silvestris* (Schiödte, cité par Bedel; Letzner); aussi sur *L. heterophyllus* et *L. latifolius* d'après Schilsky. — Çà et là dans tout le bassin de la Seine.

A. astragali Payk. (p. 369). — Sur divers *Astragalus;* vit (dans le Nord de la France) sur l'*Astragalus glycyphyllos* (nombreux observateurs); larve observée en Roumanie dans les fleurs gonflées de l'*A. virgatus* Pall. (notes de L. Bedel). — S. et S.-et-O. : Gargan (Méquignon); Versailles (A. Dubois). — H^te-Marne : Gudmont!!; Auberive!. — Yonne : environs de Tonnerre (R. Comon!). — Somme : forêt de Lucheux (L. Carpentier).

A. elegantulum Germ. (p. 369). — Sur les *Trifolium medium* et *T. pratense* (Dietrich); parfois en grand nombre dans les cultures de Sainfoin (*Onobrychis sativa*), d'après une observation personnelle de L. Bedel.

A. gracilicolle Gyllh. (p. 369). — Biologie : Houard, *Zoocécidies d'Europe*, III, p. 1392. — Sur divers *Lathyrus;* larve observée en France dans une pleurocécidie du *L. latifolius* (Houard), en Portugal dans une cécidie du *L. cicer* (R. P. Tavares); capturé en Algérie sur *L. ochrus* (P. de Peyerimhoff). — Presque tout le bassin de la Seine, au Nord au moins jusqu'au cours de la Somme.

A. subsulcatum Marsh. (p. 369). — Sur différentes espèces de *Vicia* : *V. sepium* (Walton, Letzner), *V. sativa* (Gyllenhal), etc.; larve observée en Portugal par le R. P. Tavares dans un léger renflement des tiges de *V. pyrenaica*.

A. pisi Fabr. (p. 370). — Biologie : P. Marchal in *Ann. Soc. ent. Fr.*, [1894], Bull., p. 163. — Larve dans les boutons floraux hypertrophiés de la Luzerne cultivée, *Medicago sativa* L.; parfois très nuisible (P. Marchal).

Obs. — Les renseignements publiés antérieurement par Curtis et par Perris et attribuant respectivement l'*A. pisi* au *Vicia sepium* et au *Lathyrus silvestris* laissent supposer des confusions avec les deux espèces précédentes (*J. S. C. D.*).

A. punctigerum Payk. (p. 370). — Sur les *Vicia sepium* (Bedel) et *V. cracca* (Mocquerys); biologie précise inconnue.

A. ononidis Kirb. (p. 371). — Sur divers *Ononis*, notamment *O. repens, O. spinosa, O. natrix*!!; larves dans les gousses (Bedel, l. c.).

A. vorax. Herbst (p. 373). — Sur des Légumineuses du groupe des Viciées, notamment *Vicia cracca* (Rouget); biologie précise inconnue.

A. melancholicum Wenck. (p. 374). — Observé en Allemagne sur le *Lathyrus silvestris* d'après Schilsky, XLII, 55 et Gerhardt, *Verz. Käf. Schles.*, ed. II, p. 392); biologie précise inconnue. — Yonne : Avallon (Ch. Brisout!). — H^to-Marne : Gudmont!!.

A. lanigerum Gemm. (p. 374). — Coteaux calcaires chauds et bien exposés, sur l'*Hippocrepis comosa* (Bedel, Dev., H. Wagner); biologie précise inconnue. — Presque tout le bassin de la Seine, au Nord jusqu'à la Somme et à l'Ouest jusqu'à Évreux.

***A. rapulum** Wenck., 1864, in *L'Abeille*, I, p. 170, *type* : Béziers (Delarouzée). — Desbr., l. c., V, pp. 77 et 91. — Schilsky, XXXIX, 90.

Observé (dans les Alpes-Maritimes) au pied des *Lotus corniculatus* croissant sur les terrains calcaires chauds et bien exposés!!; biologie précise inconnue. — *RR.*

Yonne : friches du Mont-Marte près Avallon (Ch. Brisout in *Ann. Soc. ent. Fr.*, [1891], p. 588).

Bourges, bois du Polygone, assez commun!!; Grenoble (Dr Guédel!!); base du Mt-Ventoux (Dr Chobaut!!); Alpes-Maritimes : Sospel!!, Mont Agel!!.

Obs. — Insecte voisin de l'*A. lanigerum*, dont il se distingue facilement par les caractères suivants : la partie lisse du vertex affleure presque le bord postérieur des yeux; ceux-ci sont plus allongés et moins saillants (ils sont globuleux chez l'*A. lanigerum*); la striolation du front est beaucoup moins accusée; la taille moyenne est sensiblement plus faible; le ♂ porte un petit tubercule à la base du 1er sternite.

A. pavidum Germ. (p. 374). — Sur le *Coronilla varia* (Bed., Dev. et nombreux observateurs); biologie précise inconnue. — Rare en Normandie où il n'a été trouvé qu'à Rouen et à Falaise; non encore signalé du Pas-de-Calais.

A. ervi Kirb. (p. 374). — Sur le *Lathyrus pratensis* (Bed., Dev. et nombreux observateurs); biologie précise inconnue.

Obs. — La mention des *Vicia* (Perris, Dietrich) comme plantes nourricières de l'*A. ervi* m'inspire quelque doute et repose peut-être sur une confusion avec l'*A. vorax.* (J. S. C. D.).

A. viciae Payk. (p. 375). — Sur des *Vicia*, notamment *V. cracca* (Bed., Dev.); obtenu par Perris des gousses de *V. hirsuta*.

A. flavofemoratum Herbst (p. 375). — Biologie : P. de Peyerimhoff in *Ann. Soc. ent. Fr.*, [1919], p. 245. — Sur un grand nombre de Génistées, notamment, dans le bassin de Paris, sur *Genista tinctoria* (Bed., Dev., et nombreux observateurs), et sur *G. pilosa* (Mocquerys); sur *G. scorpius* dans le Languedoc!!; sur les *Calycotome* en Provence!!, en Corse et en Algérie. La larve, observée aux environs d'Alger par P. de Peyerimhoff, mine les folioles de *Calycotome* qu'elle fait tomber et se transforme, soit dans la mine, soit en terre.

Obs. — Une espèce voisine, mais certainement distincte, *A. scabiosum* Weise, a été capturée en Corse par R. de Borde sur l'*Anagyris fœtida*; la même observation, de source sûrement indépendante, a été publiée dès 1910 par R. Kleine (*Ent. Blätt.*, VI, p. 318).

A. striatum Marsh. (p. 375). — Biologie : abbé Pierre in *Rev. Sc. Bourb.*, nov. 1901, sep., p. 5. — Principalement sur le *Sarothamnus scoparius* (nombreux observateurs); larve dans les rameaux de cette plante, où elle détermine généralement une cécidie (abbé Pierre); aussi sur d'autres Génistées, notamment *Ulex europaeus* et *Genista tinctoria* dans le Pas-de-Calais!!, *G. sagittalis* à Épinal!! et en Suisse (Dietrich). — Tout le bassin de la Seine; plus abondant dans la zone maritime et sur les terrains siliceux.

Obs. — Les individus pris sur le *Genista sagittalis* appartiennent à une race naine dont la taille ne dépasse pas les deux tiers du développement normal.

A. immune Kirb. (p. 375). — Principalement sur le *Sarothamnus scoparius* (nombreux observateurs); se développe dans les tiges vertes de cette plante (Buddeberg); aussi sur le *Genista tinctoria* sur les collines calcaires de la Haute-Champagne!!.

A. scutellare Kirb. (p. 375). — Exclusivement sur les *Ulex* : *U. nanus* dans les landes du Centre et du Sud-Ouest de la France, *U. europaeus* dans les Iles Britanniques et la zóne maritime du Nord-Ouest de la France; larves dans des cécidies disposées en chapelet sur les rameaux (Perris, Houard). — Rare et exceptionnel en dehors des environs immédiats de Paris et de la zone maritime; assez commun en Normandie. — Irlande, Grande-Bretagne, au Nord au moins jusqu'à Liverpool; îles de Man, Wight, Guernésey, Jersey, etc.; France occidentale et centrale; Provence, sur l'*Ulex provincialis*!!; Espagne.

A. meliloti Kirb. (p. 376). — Sur les *Melilotus*, notamment *M. arvensis* (Bedel) et *M. alba*!!; la larve mine la tige de la plante (Frauenfeld). — En réalité répandu dans tout le bassin de la Seine.

***A. intermedium** Eppelsh., 1875, in *Ent. Zcit. Stettin*, [1875], p. 76. — Schilsky, XXXIX, 83. — *amphibolum* Faust, 1890.

Pentes et plateaux calcaires un peu arides, sur le Sainfoin (*Onobrychis sativa*), surtout dans les friches et les anciennes cultures de cette Légumineuse, c'est-à-dire là où elle échappe à la fauchaison annuelle; surtout août et septembre. — *A. R.* et seulement à l'Est de Paris; peut-être d'introduction assez récente.

S.-et-O. : Saclas, juillet 1917!. — S.-et-M. : Fontainebleau!; Lagny (Hustache!). — Aube : plateau de la Montagne de Troyes à Bar-sur-Aube, été 1914!. — Hᵗᵉ-Marne : Gudmont!!, dès 1902; Thivet!!; Auberive!. — Loiret : Montargis (coll. Hustache!!).

Toute la partie orientale de la France jusqu'à l'Ardèche et au Dauphiné; Allemagne du Sud (déjà signalé par L. v. Heyden sur l' « Esparcette-Klee » en 1904); Autriche, Moravie; Italie septentrionale et centrale; Sud-Ouest de la Sibérie.

A. tenue Kirb. (p. 376). — Sur diverses Légumineuses, mais particulièrement sur la Luzerne cultivée (*Medicago sativa*)!!; larve dans la partie supérieure des tiges de cette plante, d'après Perris.

A. loti Kirb. (p. 376). — Sur les espèces du genre *Lotus;* larve observée dans les gousses du *L. uliginosus* (Perris) et dans celles du *L. corniculatus* (L. Carpentier).

Obs. — L'indication de Frauenfeld, qui signale l'espèce en Autriche dans les gousses du *Dorycnium herbaceum*, pourrait bien se rapporter à l'*A. aeneomicans* Wenck., lequel existe dans le bassin de Vienne (H. Wagner), et précisément sur la même plante; on sait qu'en Provence il est signalé depuis longtemps sur le *Dorycnium suffruticosum.*

L'*A. fallens* Mars. (*fallax* ‖ Wenck.), que j'ai signalé autrefois de la Haute-Marne (*Bull. Soc. ent. Fr.*, 1902, p. 249), n'est qu'une race peu caractérisée de l'*A. loti* et ne peut être maintenu comme espèce.

A. reflexum Gyllh. (p. 376). — Sur le Sainfoin cultivé, *Onobrychis sativa* (nombreux observateurs) : biologie précise encore inconnue.

A. virens Herbst (p. 376). — Sur les *Trifolium;* larve observée dans les tiges du *T. pratense* (Frauenfeld).

A. Curtisi Staph. (p. 377). — Sur l'*Hippocrepis comosa* (Dev., Bed¹.); aussi parfois sur l'*Onobrychis sativa*!!; biologie précise inconnue. — S.-et-O. : Étrechy!!; Saclas!; La Ferté-Alais!. — Eure-et-Loir : côte de Maintenon!. — Oise : Chantilly (Destréez). — Somme : Longueau (Delaby!). — Hᵗᵉ-Marne : Gudmont, commun!!. — Calvados : Monts d'Eraines (Fauvel).

Obs.. — Malgré les caractères donnés par l'auteur, l'*A. Gavoyi* **. Desbr., qui vit dans tout le Midi de la France sur divers *Astragalus* (*A. monspessulanus, A. tragacantha, A. onobrychis*!!) est bien difficile à distinguer avec certitude de l'*A. Curtisi.*

A. simile Kirb. (p. 377). — Se trouve bien réellement sur le feuillage du *Betula alba* (nombreuses observations concordantes), et notamment sur les jeunes bouleaux clairsemés ou isolés croissant dans les terrains tourbeux!!; biologie précise inconnue.

13ᵉ Groupe (*Catapion* Schilsky [pars]).

A. pubescens Kirb. (p. 377). — Biologie : J.-J. Kieffer in *F. J. Nat.*, XXIII [1892-1893], p. 45; Corti in *Riv. Col. Ital.*, I, [1903], p. 178; abbé Pierre in *Marcellia*, IV [1905], p. 175. — Sur divers *Trifolium*; larve signalée dans une pleurocécidie des tiges de *T. aureum* Poll. (*agrarium* L.) et *T. procumbens* en Lorraine (J.-J. Kieffer), *T. campestre* dans le Centre de la France (abbé Pierre), *T. brutium* en Calabre (Trotter, cité par Corti).

Obs. — Il serait intéressant de vérifier si l'espèce signalée par Frauenfeld et par Corti comme se développant dans une galle des *racines* de *Coronilla scorpioides* (= *Scorpioides Matthioli* Dod.) se rapporte réellement à l'*A. pubescens.*

A. natricis* V. Planet, 1918, in *Ann. Soc. ent. Fr.* [1917], p, 154.

Sur les touffes de l'*Ononis natrix* (Dev., Bed., V. Planet, G. de Buffévent, Hustache, etc.); abondant par places; biologie précise inconnue.

S.-et-O. : côte de Jubert et côte de Guillerval à Saclas!. — Aisne : Soissons (G. de Buffévent!!). — Marne : dans les dépressions du Camp de Châlons, juillet 1909, assez commun!!. — Meuse : [Sorcy!!].

Isère : Entre-Deux-Guiers (V. Planet, types!!); Jura : Dôle (Hustache!!); Pyrénées-Orientales (coll. Hustache!!); Italie centrale : Monte Pagano (d'après Schatzmayr).

OBS. — Distinct de toutes les espèces du même groupe par la pubescence du rostre très apparente de profil en dessous, comme chez l'*A. ononidis* Kirb.; facile à séparer de l'*A. curtulum* par sa taille plus grande, ses téguments plus luisants, et ses stries plus larges et plus profondes.

A. seniculus Kirb. (p. 378). — Biologie : H. Wagner in *Ent. Blatt.*, [1914], p. 144. — Larve dans une galle sur les tiges de diverses Légumineuses (*Trifolium, Medicago, Vicia*); cf. H. Wagner, l. c.

A. curtulum Desbr. (p. 378). — Sur le *Trifolium repens*, surtout dans les pâturages maigres des falaises maritimes!!; biologie précise inconnue. — Calv. : Fresney-le-Puceux ; Fontenay-le-Marmion (Fauvel). — Manche : [Granville (Fauvel)]. — Commun à Jersey, dans le Finistère et dans la Loire-Inférieure!!.

14° Groupe (*Thymapion*, n. subg. = *Catapion* Schilsky [pars]) (¹).

A. elongatum Germ. (p. 378). — *millum* Gyllh., 1833. — Sur les *Salvia*, notamment *S. pratensis* dans le bassin de Paris!!; larve observée par Frauenfeld dans la tige de *S. silvestris*. — Haute-Marne : Gudmont, assez commun!!.

(1) Thymapion, n. subg.— *Insecta a speciebus subgeneris* Catapion Schilsky A. pubescenti Kirb. *affinibus striis profundioribus et multo latioribus, stria interna juxta scutellum usque ad elytri basin prolongata distincta; rictus in plantis Labialis.*

En dehors des espèces énumérées ci-dessous, le groupe ainsi défini comprend certainement les *A. Hauseri* Wagn. et *leucophaeatum* Wenck., et très probablement les *A. Delagrangei* Desbr., *Brulerici* Desbr., *arcirostre* Desbr., *dilatipes* Desbr., *tenuirostre* Desbr., *subfarinosum* Desbr. et *angustipenne* Desbr., dont la valeur en tant qu'espèces est encore à confirmer. (*J. S. C. D.*).

A. flavimanum Gyllh. (p. 379). — *annulipes* ‡ Desbr. (non Wenck.). — Observé sur diverses Labiées, notamment *Mentha aquatica* (V. Planet), *Origanum vulgare* (V. Planet, Bedel) *Calamintha clinopodium* dans la Haute-Marne!!, etc. ; larve observée par Perris dans la tige et les racines de *Mentha rotundifolia*.

A. annulipes Wenck. (p. 379). — *cineraceum* Wenck. — *millum* ‡ Bach, 1854 (non Gyllh., 1833). — Schilsky, XXXIX, 47. — Observé dans le Dauphiné sur le *Mentha aquatica* (V. Planet). — Orne : L'Home!. — Calv. : forêt de Cinglais; Fresney-le-Puceux, Fontenay-le-Marmion (Fauvel). — Seine-Inf^re : Pontmarest près Eu!.

A. vicinum Kirb. (p. 379). — Sur *Mentha aquatica* (Bed., 1887); obtenu en Lorraine de galles de la même plante (J.-J. Kieffer, cité par Bourgeois, l. c., p. 519). — En réalité rare et beaucoup moins répandu que le suivant, au moins dans le bassin de la Seine et dans la majeure partie de la France.

A. origani* V. Planet, 1918, in *Ann. Soc. ent. Fr.* [1917], p. 155. — *vicinum* (pars) auct.

Coteaux et lisières des bois, surtout sur les affleurements calcaires; vit très constamment sur l'*Origanum vulgare* (V. Planet, G. Sérullaz, Méquignon, Dev., etc.); biologie précise inconnue.

Oise : Laigneville (Méquignon). — Haute-Marne : Gudmont!!.

Dauphiné (V. Planet, G. Sérullaz!!); environs de Bourges, commun!!; Alpes-Maritimes!!.

Obs. — V. Planet (l. c.) n'a donné de cet *Apion* qu'une description provisoire, très succincte et uniquement comparative. D'après lui, la forme qui vit sur la Marjolaine diffère de celle qui vit sur la Menthe par les caractères suivants : « épaules beaucoup moins saillantes, angle thoraco-élytral très ouvert, calus huméral peu marqué, côtés des élytres plus arrondis, ce qui rend ceux-ci moins trapus et presque ovoïdes; rostre ♂ proportionnellement plus long, plus courbé ».

Recevant l'année dernière une série d'*A. origani* typiques provenant du Dauphiné, j'ai éprouvé au premier abord une impression de « déjà vu » et de scepticisme dont la cause était bien simple : c'était précisément la seule forme de l'ancien *vicinum* qui me fût familière et fût bien représentée dans ma collection! Il est possible que l'opinion de Schatzmayr (*Mem. Soc. ent. It.*, [1922], p. 41) ait une origine analogue. D'une visite chez M. Hustache, qui a préparé des séries des deux formes en vue de leur étude comparative, et me les a fait examiner au microscope, j'ai rapporté une impression nettement différente. Il s'agit tout au moins d'une race biologique très caractérisée. Par ses caractères comme par sa plante nourricière, l'*A. origani* forme transition entre l'*A. vicinum* et l'*A. atomarium*, lesquels, comme le fait très bien remarquer Schatzmayr, sont très proches parents et diffèrent par le degré de développement plus que par aucun caractère essentiel.

Il resterait à étudier morphologiquement les *A. vicinum* indiqués par Houard (*Zoocécidies d'Eur.*, p. 837 et 853) comme provoquant des pleurocécidies sur *Nepeta cataria* L. et (en Italie) sur *Satureja acinos* Scheele. (*J. S. C. D.*).

A. atomarium Kirb. — Biologie : J.-J. Kieffer in *F. J. Nat.* XXII, [1891-1892], p. 56 ; Houard, *Zoocéc. d'Eur.*, II, p. 857. — Sur le *Thymus serpyllum*, principalement sur les touffes vigoureuses croissant dans les terrains riches ; larve dans une petite cécidie de couleur rougeâtre à l'aisselle des feuilles (J.-J. Kieffer).

Obs. — J'ai capturé çà et là l'*A. atomarium* dans des montagnes sèches du Midi de la France où le *Thymus serpyllum* n'existait pas et où par contre le *T. vulgaris* était abondant ; les individus de cette provenance sont plus robustes et leur pubescence est plus apparente. (*J. S. C. D.*).

*A. serpyllicola (Wenck.) Desbr., 1896, *Mon. Apion*, pp. 158 et 163 ; Schilsky, XXXIX, 53. — *parvulum* ‖ Muls. Rey, 1859 (non Gerst., 1854).

Sur le *Thymus serpyllum*, notamment sur les pieds rabougris croissant sur les terrains arides ou très pauvres ; parfois cependant associé avec le précédent. — *RR*.

S.-et-O : station de Montigny-Beauchamp! ; Lardy! ; Saclas!. — S.-et-M. : vallée de la Solle à Fontainebleau, en nombre (Duchaine!!). — Oise : Laigneville (Méquignon!). — Hᵗᵉ-Marne : Gudmont!!.

Vosges (Wencker) ; collines du Lyonnais, en nombre (Rey, Hustache!!) ; Allemagne (Schilsky).

Obs. — L'*Apion* que je désigne ici sous le nom de *serpyllicola*, et que Bedel, dans ses notes, rapportait à l'*oblivium* Schilsky, est à peu près certainement le même que H. Wagner (*Münchn. Kol. Zeitschr.*, III, p. 311), signale sous le même nom d'*oblivium* en différents points de l'Europe Centrale ; un individu provenant de Mödling près Vienne (H. Wagner) ne diffère des nôtres que par le scape et le funicule roussâtres, alors que chez les individus de Paris et du Lyonnais les antennes sont à peine éclaircies à la base.

Comparé à l'*A. atomarium*, l'*A. serpyllicola* s'en distingue par la

taille moyenne plus petite, la forme plus oblongue, le prothorax
moins court, moins étranglé en avant, les épaules moins saillantes et
moins débordantes; le rostre de la ♀, assez arqué et environ aussi
long que la tête et le pronotum réunis, est très mat, sauf la partie
située tout à fait à l'extrémité.

Beaucoup de collections françaises renferment sous les noms de
parvulum ou de *serpyllicola* un petit *Apion* un peu différent, qui vit
dans les montagnes chaudes du Midi sur le *Thymus vulgaris*; il a été
notamment capturé en grand nombre au Mont-Alaric (Aude) par
L. Gavoy. Il me semble se rapporter d'une manière satisfaisante à
l'*A. minutissimum* Rosenh., d'Andalousie, lequel pourrait peut-être
englober aussi le *tunicense* Desbr. (*J. S. C. D.*).

15e Groupe (*Apion* s. str. Schilsky, [pars]).

A. minimum Herbst. (p. 379). — Sur les *Salix* (nombreux
observateurs); larve dans les cécidies provoquées sur les feuilles de
Saule par divers Hyménoptères, notamment les *Nemadus* (Perris),
les *Pontania proxima* Le P. et *Carpentieri* Kon. (L. Carpentier)
et l'*Oligotrophus capreae* (Loiselle).

16e Groupe (*Perapion* H. Wagn. [pars]).

A. limonii Kirb. (p. 381). — Sur divers *Statice*, notamment sur
S. limonium (côtes de la Manche et de l'Océan!!); sur *S. dichotome* et
S. Dubyei (côtes de Gascogne, Perris); aussi sur *Limoniastrum arti-
culatum* Mok. (côtes du Portugal, Flach). — Calvados: pont de
la Dives à Cabourg, 2 individus (Fauv.).

17e Groupe (*Erythrapion* Schilsky) ([1]).

A. miniatum Germ. (p. 383). — Sur les *Rumex* croissant dans les

(1) Le groupe des *Apion* rouges a été l'objet d'une revision récente de la
part du regretté Dr D. Sharp (*Ent. Monthly Mag.*, [1918], p. 1). Il est
permis de ne pas accepter sans discussion les conclusions de l'auteur, qui
décrit trois espèces nouvelles dans la seule faune britannique. Mais on doit
à la personnalité de Sharp de s'abstenir de toute critique superficielle et
préconçue avant d'avoir approfondi la question et procédé à une revision
consciencieuse des formes continentales. Des caractères utilisés par Sharp
il en est un, le développement des ailes membraneuses, qui n'avait été
étudié par personne avant lui. J'ai vérifié qu'on trouve bien aussi en France
des *Erythrapion* à ailes complètes et d'autres à ailes incomplètes et abré-
gées. Ce caractère peut n'être pas spécifique; cependant je considère comme
possible que l'*A. desideratum* Sharp soit plus tard reconnu comme cons-
tituant une espèce ou tout au moins une race valable. (*J. S. C. D.*

lieux humides; larve observée dans les tiges de *R. hydrolapathum* (Frauenfeld) et dans les racines de *R. obtusifolius* (Hansen).

A. frumentarium Payk. — Schilsky, XXXVIII, 56. — *haematodes* Kirb., Bed. (p. 383). — *cruentatum* Walt., auct.; cf. H. Wagner in *Münchn. Kol. Zeitschr.*, III, p. 199. — Sur le *Rumex acetosella* (nombreux observateurs); larve observée par Laboulbène dans une galle sur la côte médiane ou le pétiole des feuilles de cette plante.

Obs. — H. Wagner (l. c.) dit avoir pris en Bohême, vivant associés sur le *Rumex acetosella*, des individus caractérisés de l'*A. frumentarium* auct. et de l'*A. cruentatum* auct., en même temps que des formes intermédiaires. L'insecte que Bedel (p. 383) sépare sous le nom de *cruentatum* vit sur des *Rumex* d'autres espèces, croissant dans les lieux frais et boisés; il est toujours plus grand, plus convexe et d'un rouge plus sombre que le vrai *frumentarium* et paraît constituer au moins une race biologique valable. C'est probablement à cette forme que se rapporte l'observation de Perris (sub. nom. *miniatum*, cf. Bed., p. 383, nota) qui signale une larve de ce groupe dans une galle sur la nervure médiane des *Rumex conglomeratus* et *R. nemorosus*. Il semble bien aussi, à en juger par la description, que ce soit l'insecte désigné par Sharp sous le nom d'*A. desideratum*. (*J. S. C. D.*).

A. sanguineum Deg. (p. 383). — Sur le *Rumex acetosella* (nombreux observateurs); larve dans une galle sur les racines de cette plante (Ch. Brisout, cité par Bedel, l. c.).

A. rubens Steph. (p. 384). — Également sur le *Rumex acetosella* (nombreuses observations concordantes); biologie précise inconnue.

18e Groupe (Perapion H. Wagn. [pars]).

A. hydrolapathi Marsh. (p. 382). — Sur le *Rumex hydrolapathum* Huds.; biologie précise inconnue. — Pas-de-Calais : littoral, assez commun, notamment au bord des mares des dunes!!. — Calv. : tout le littoral (Fauvel). — Littoral des mers d'Europe à partir des îles danoises, du Holstein, de l'Écosse et de l'Irlande; bassin de la Méditerranée.

A. violaceum Kirb. (p. 382). — Sur un grand nombre de *Rumex*; larve dans les tiges de *R. acetosa* (Laboulbène, Dev.), *R. conglo-*

meratus, crispus, obtusifolius (Kaltenbach), *R. nemorosus* (Perris). — Nuisible à l'Oseille cultivée.

A. affine Kirb. (p. 382). — Également sur des *Rumex*; larve dans une galle des tiges de *R. acetosa* (renseignement communiqué à Bedel par l'abbé Pierre).

A. marchicum Herbst (p. 382). — Sur le *Rumex acetosella* (Bed., Dev.); biologie précise inconnue.

A. curtirostre Germ. [1] (p. 380). Sur divers *Rumex*, notamment *R. crispus* et *R. obtusifolius*!!; larve observée dans les tiges de *R. acetosa* (Perris).

OBS. — L'*A. ilvense* Wagn. diffère de l'*A. curtirostre* par la ponctuation beaucoup plus fine de la tête et du pronotum, et par les interstries très plans, beaucoup plus larges que les stries. Il a été observé par Flach sur les côtes du Portugal sur le *Rumex bucephalophorus* et signalé, non seulement dans une bonne partie du bassin de la Méditerranée, mais jusqu'en Angleterre. Il existe certainement sur les côtes occidentales de la France et peut-être sur celles du bassin de la Seine. (*J. S. C. D.*).

A. Lemoroi Ch. Bris. (p. 380). — Sur le *Polygonum aviculare* (Bedel, Dev., Méquignon, etc.), surtout dans les friches et les champs moissonnés, plus rarement dans les endroits humides; biologie précise inconnue. — S.-et-O. : Brétigny (P. Marié!); Saclas!. — S.-et-M. : Fontainebleau!. — Oise : Coye (Dr A. Clerc!); Laigneville (Méquignon!!). — Marne : Vouillers!!. — H^{te}-Marne : St-Dizier!!. — Meuse : Baudouvilliers!!. — Orne : L'Home!. — Somme : Boves (L. Carpentier). — Majeure partie de la France, Espagne, Italie, y compris l'Istrie, Crimée, Caucase, Syrie, Algérie.

A. sedi Germ. (p. 381). — Biologie : H. du Buysson et abbé Pierre in *Marcellia*, XII, [1913], p. 33; Flach in *Wien. ent. Zeit.*, XXVII [1908], p. 130. — Vit bien réellement, d'après de nombreuses observations concordantes, sur les plantes de la famille des Crassulacées, et particulièrement sur les *Sedum*. Larve signalée dans les tiges de *Sedum reflexum*, *telephium* et *acre* par Buddeberg; l'insecte observé à nouveau dans la même région par L. v. Heyden (*Käf. Nass. Fr.*, ed. II, p. 370) sur les trois mêmes *Sedum* et sur le

---

(1) Une excellente revision du groupe de l'*A. curtirostre* a été donnée par II. Wagner dans le tome IV du *Münchn. Kol. Zeitschrift*, volume resté inédit dans son ensemble, mais dont les separata ont été assez largement distribués.

S. album; trouvé à Dijon (Rouget) sur le *S. reflexum*, aux environs de Paris sur le *S. reflexum* (Aubé) et sur le *S. album* (Bedel); larve signalée dans une cécidie des rameaux de *S. elegans* (H. du Buysson et abbé Pierre); observé dans le Tyrol méridional sur le *S. telephium*, et obtenu d'éclosion du *Sempervivum arachnoideum* (Flach); aussi en Espagne dans les tiges d'un *Cotyledon* (renseignement communiqué à Bedel par G. C. Champion); etc. — Rare, mais répandu dans tout le bassin de la Seine.

Obs. — Chez le ♂ de l'*A. sedi*, le premier article de tous les tarses porte un prolongement dentiforme à l'angle apical interne, et non pas seulement celui des tarses postérieurs comme chez le ♂ de *curtirostre*.

Je ne crois pas qu'on puisse, comme l'a fait H. Wagner, mettre en doute le victus de l'*Apion sedi* aux dépens des Crassulacées. Le fait est d'autant plus admissible qu'une autre espèce d'*Apion*, *A. robustirostre* Desbr., a été signalée à l'état de larve dans les tiges de l'*Umbilicus horizontalis* Guss. (P. de Peyerimhoff, *Ann. Soc. ent. Fr.*, [1911], p. 313). (*J. S. C. D.*).

A. simum Germ. (p. 380). — Sur l'*Hypericum perforatum* (nombreux observateurs); larve dans les *tiges* (Frauenfeld), renseignement confirmé par Urban (*Ent. Blätt.*, [1921], p. 94). — Çà et là dans presque tout le bassin de la Seine, sauf la Somme et le Pas-de-Calais.

A. brevirostre Herbst (p. 379). — Sur divers *Hypericum* (nombreux observateurs); larves dans les *capsules* des *H. perforatum* et *hirsutum*, renseignement confirmé par Urban (l. c.).

A. Chevrolati Gyllh. (p. 381). — Sur l'*Helianthemum guttatum* (Bed., Dev., P. de Peyerimhoff, etc.); larve observée par Perris dans les tiges de la plante. — Aussi au Maroc : Tanger (Vaucher!) et Larache (P. de Peyerimhoff!!).

19° Groupe (*Perapion* Wagn., [pars].)

A. aciculare Germ. (p. 380). — Vit (dans le bassin de la Seine) sur l'*Helianthemum vulgare* (nombreux observateurs); larve observée par Perris dans les tiges de l'*H. guttatum*. — Pas très rare sur les coteaux bien exposés des contrées crayeuses et calcaires du bassin de la Seine; non encore trouvé au Nord de la Somme et dans la Basse-Normandie.

Obs. — La présente espèce et l'*A. velatum* Gerst. (*helianthemi*
Bed.) constituent un petit groupe naturel qu'on ne peut éloigner du
sous-genre *Phrissotrichium* Schilsky, spécial comme lui aux plantes
de la famille des Cistinées.

20ᵉ Groupe (*Phrissotrichium* Schilsky).

A. rugicolle Germ. (p. 384). — Sur l'*Helianthemum vulgare* (nombreux observateurs) ; obtenu d'éclosion des fruits de la plante (Ep-
pelsheim, d'après Kaltenbach). — Répandu comme le précédent
dans la majeure partie du bassin de la Seine, à l'exception jusqu'à
présent des départements du Pas-de-Calais, du Calvados et de l'Orne.

Obs. — H. Wagner (*Münchn. Kol. Zeitschr.*, III, p. 208) dit avoir
pris l'*A. rugicolle* au Mᵗ Salève (Haute-Savoie), vers 1.300 m. d'altitude,
sur le *Cistus monspeliensis* L. Il s'agit très probablement, non d'un
Ciste véritable, mais d'une variété à pétales blancs de l'*Helianthemum
vulgare*, comme il s'en rencontre fréquemment dans nos Alpes. Quant
à l'*Apion*, il serait intéressant de le comparer à l'*A. delphinense* Hust.,
décrit postérieurement (*Bull. Soc. ent. Fr.*, [1912], p. 408) et assez
répandu dans les massifs de la Grande-Chartreuse et du Vercors, où
il vit précisément à haute altitude (1.500-1.800 m.) sur l'*Helianthemum
vulgare* v. *grandiflorum*.

Les petites espèces affines du *rugicolle* vivent toutes sur des Hé-
lianthèmes, y compris l'*A. Revelierei*, de Corse, dont la plante nourricière (*Helianthemum halimifolium*) a été découverte récemment par
R. de Borde. Les grands *Phrissotrichium* (*tubiferum*, *Wenckeri*,
Perrisi) vivent sur des *Cistus*. (*J. S. C. D.*).

Famille SCOLYTIDAE ([1]).

(*IPIDAE.*)

Synopsis (espèces paléarctiques) : Reitter, *Best. Tab.*, XXX,
[1894].

Catalogue général : Hagedorn, *Col. Cat.* (Junk), fasc. 4, [1909].

Bibliographie (1758-1910) : Trédl et Kleine, Berlin 1911 (publié
comme annexe au vol. VII des *Entomologische Blätter*).

(1) Le nom de *Scolytus* Müll., 1764, Schluga, 1767, non Fabr.,
1790) doit rester. Il n'y a aucune raison de lui substituer celui d'*Eccopto-
gaster* Herbst, 1793. (*L. B.*).

Tribu **SCOLYTINI**.

Genre **Scolytus** Müll., 1764.

S. scolytus Fabr. (p. 403). — Il y aura lieu de rechercher dans le bassin de la Seine le *S. sulcifrons* Rey, Egg. (*Leonii* Egg., olim), décrit du Lyonnais, et qui paraît remplacer le *S. scolytus* en Corse et en Italie. Il diffère du *S. scolytus* par son front lisse entre les points et hérissé de poils grisâtres assez longs, avec une ligne médiane lisse; chez le ♂, le dernier sternite porte cinq mèches de poils hérissés.

S. Ratzeburgi Jans. (p. 403). — S.-et-O. : butte du bois Gobert à Versailles (A. Dubois), 2 individus dans un *Betula* abattu; forêts de St-Germain (P. Lesne) et de Marly (J. Magnin); Cerny près La Ferté-Alais, dans un *Betula* abattu!.

Obs. — L'espèce a été indiquée de Compiègne sur la foi de Puton, mais il y a tout lieu de croire que Puton a confondu Compiègne avec Fontainebleau, où l'espèce était encore très abondante il y a près de quarante ans; je n'ai jamais vu trace de ses galeries dans la forêt de Compiègne. (*L. B.*).

Malgré la fréquence relative de son arbre nourricier, le *S. Ratzeburgi* est en France un insecte rare et localisé; en dehors des environs de Paris et de la région vosgienne, il a été observé sur le revers nord du plateau de l'Auvergne, contrée où le Bouleau est abondant et acquiert un beau développement.

S. pruni Ratz., 1837 (p. 405) = **S. mali** Bechstein, 1805, *Vollst. Nat. Schädl. Waldins.*, III, p. 882.

S. carpini Ratz. (p. 405). — Biologie : Decaux in *Le Naturaliste* [1893], p. 92. — S. et S.-et-O. : bois de Boulogne (Decaux!), élevé de branches de charme; parc de Draveil; Essonnes (Estiot!); Achères (A. Dubois). — Oise : forêt de Compiègne (Masson). — H^te-Marne : Gudmont, élevé de branches de charme!!.

Obs. — Pomerantzeff (1903) l'indique aussi dans les branches de *Corylus avellana* et figure ses galeries (*L. B.*).

S. rugulosus Ratz. (p. 406). — Observé à plusieurs reprises (H^te-Marne!!, Pas-de-Calais!!) sur le Prunellier sauvage (*Prunus spinosa*); aussi dans les branches de Pêcher (Loriferne); exceptionnellement dans de menues branches de hêtre à Fontainebleau (Gruardet!!). — Introduit dans l'État de New-York où il a été signalé comme nuisible au Pêcher, (Le Conte in *Proc. Amer. phil. Soc.*, [1878], p. 626).

S. intricatus Ratz. (p. 406). — Ce doit être l'espèce désignée par Audouin (*Ann. Soc. ent. Fr.*, [1836], Bull., p. 15) sous le nom de « *pygmaeus* », et signalée comme ayant dévasté les chênes du bois de Vincennes. (*L. B.*).

S. ensifer Eichh. (p. 406). — D'après Decaux (*Ann. Soc. ent. Fr.*, [1890], *Bull.*, p. 125), cette espèce vit dans le tronc et les fortes branches du *Cerasus avium*. — Seine : bois de Boulogne (Decaux!). — Marne : Reims (cité d'après Eggers par Reitter, *Fauna Germ.*, V, p. 273).

Obs. — Il n'est donc pas certain que le *S. ensifer* vive aux dépens des *Ulmus* comme on l'a cru d'abord; cependant Shevyrev (*Rev. Russe d'ent.*, IV, p. 38) mentionne son existence sur l'Orme. (*L. B.*).

S. pygmaeus Fabr. (p. 406). — Yonne : Sens (Loriferne); St-Florentin (La Brûlerie).

Tribu **HYLESININI**.

Genre **Tomicus** Latr.
(*Hylastes* Er.)

T. cunicularius Er. (p. 407). — Cette espèce, qui, jusqu'en 1886, n'avait pas été trouvée dans notre faune en dehors des chantiers et des scieries, commence peu à peu à s'acclimater dans les anciennes plantations d'Épicéa (*Picea excelsa*). — S.-et-O. : Lardy; Bouray, mai 1902 (J. Magnin!); Saclas, 1910!; forêt de Rambouillet (Dongé, 1895!). — Côte-d'Or : Montbard!. — Marne : Sapincourt (Bellevoye); Avenay (Harez!). — H[te]-Marne : Gudmont; Saucourt, 1903 et années suivantes!!. — Meuse : Clermont-en-Argonne, 1904!.

T. attenuatus Er. (p. 407). — Eure : forêt de Bizy-Vernon (Sédillot!). — Côte-d'Or : Montbard!. — Pas-de-Calais : St-Léonard!!, probablement amené par le vent des dunes plantées en Pins maritimes!.

T. palliatus Gyllh. (p. 408). — En voie d'acclimatation dans le bassin de la Seine. — S.-et-O. : forêt de Rambouillet, sur *Pinus sylvestris* (Dongé, 1895!). — S.-et-M. : forêt de Fontainebleau, sur *Pinus sylvestris* (Duchaine, 1905). — H[te]-Marne : parc du château d'Auberive, sur des Épicéas morts, août 1907!.

Genre **Hylastinus** Bed.

H. obscurus Marsh. (p. 408). — Biologie : Riley in *Ann. Report Comm. Agric. for 1878*, p. 248, tab. 5, fig. 2-3 ; Webster in *U. S. Dept. Agric.*, circul. n° 119, fig. [1910]. — Jersey, au collet des vieux pieds d'*Ulex europaeus*!!.

Obs. — Introduit aux États-Unis où il est actuellement nuisible aux cultures de trèfle et de luzerne.

Une race remarquable de la même espèce, *H. Funkhauseri* Reitt., trace ses galeries sous l'écorce du tronc et des branches principales du grand Cytise (*Laburnum alpinum*) ; j'ai observé ses galeries et j'en ai recueilli quelques cadavres dans la forêt de Clans (Alpes-Maritimes). (*J. S. C. B.*).

Genre **Cissophagus** Chap.

Kissophagus auct. (nom. em.).

C. vicinus Com. (p. 408) = **C. hederae** Schmidt, 1843. — La synonymie donnée p. 408 est douteuse et il est à présumer que l'insecte de Comolli se rapporte plutôt à l'espèce méridionale, *C. Novaki* Reitt. — S. et S.-et-O. : château de Gennevilliers (J. Magnin!) ; Verrières (Delval!). — Pas-de-Calais : Wimereux (Ph. François!). — Aussi en Grande-Bretagne (Fowler).

Genre **Polygraphus** Er.

Genre caractérisé par ses antennes à massue comprimée, sans sutures apparentes, par ses yeux divisés et par ses élytres à base à peine relevée et simplement crénelée.

**P. polygraphus* L., *Syst. Nat.*, ed. 10, I, p. 355. — Eichhoff, *Eur. Borkenk.*, p. 122. — Reitt., *Best. Tab.*, LXIX, p. 56.

Actuellement en voie d'acclimatation dans les plantations d'Épicéas ; apparaît souvent par masses et attaque accessoirement les pins.

H^te-Marne : parc du château d'Auberive, 1907! ; [Chassigny (Ch. Clerc!)]. — Eure-et-Loir : parc du château d'Orgères, 1916, en masses (P. Marié!). — Eure : Vernon (id.).

Genre **Hylurgus** Latr.

H. ligniperda Fabr. (p. 409). — En Normandie, l'*H. ligniperda* n'est signalé que de la Seine-Inférieure : forêt des Sapins (Mocquerys). Il dépasse d'ailleurs la Normandie vers l'Ouest; je l'ai pris dès 1888 dans les plantations de pins de la région de Quimper (*J. S. C. D.*).

Genre **Myelophilus** Eichh.

M. piniperda L. (p. 409). — Introduit et acclimaté à l'île de Madère (Wollaston); trouvé aussi en Algérie, mais peut-être accidentellement.

M. minor Hart. (p. 409). — Calv. : Villers-sur-Mer, un individu .

Genre **Hylesinus** Fabr.

Sect. I. — *Hylesinus* s. str.

H. crenatus Fabr. (p. 410). — S. et S.-et-O. : parc des Buttes-Chaumont à Paris (R. Peschet!); Chaville (E. Dongé!); parc de Versailles (A. Dubois!); parc de St-Cloud, mai-juin 1917, en nombre (P. Lesne); parc de Draveil (Estiot!); Brévannes (Dr R. Marie!); Montfermeil (Roguier). — Eure-et-Loir : St-Georges-sur-Eure (P. Lesne!). — Manche : Coigny (Garreta!). — Yonne : Sens (Loriferne); Coulanges-la-Vineuse (Dr Populus). — Hte-Marne : Auberive (M. Lesourd!). — Somme : Boves (L. Carpentier!). — Pas-de-Calais : environs de Boulogne-sur-Mer (Méquignon, Desmetz!!). — Aussi en Algérie au Mont Babor.

H. oleiperda Fabr. (p. 410) = **H. taranio** Danthoine, 1788, ap. Bernard, *Mém. Hist. nat. Provence* (sub *Byrrhus*), p. 270; cf. Lesne in *Bull. Soc. ent. Fr.* [1908], p. 30. — S.-et-O. : Les Jardies près Sèvres (A. Dubois); parc de Draveil (P. Estiot); Villeneuve-St-Georges (P. Lesne); Saclas!. — Oise : Ivry-le-Temple (Carpentier!). — Yonne : Avallon!. — Calvados : forêt de Cinglais; Louvigny (Fauvel); Touques (Sédillot!). — Eure : Évreux, sur *Syringa vulgaris* (H. Portevin). — Somme : Boves; Boutillerie-les-Amiens, sur *Fraxinus excelsior* (L. Carpentier).

Obs. — Chez l'*H. taranio*, le ♂ a le 2ᵉ interstrie déprimé, lisse, brillant et glabre. Ce caractère, noté pour la première fois par P. Lesne, rappelle les caractères du même sexe chez les *Phlœosinus*. (*L. B.*).

Sect. II. — *Leperisinus* Reitt.

H. varius Fabr. — *fraxini* (Panz.) Eichh. (pars). — Pond et développe ses galeries sur les troncs, souches et grosses branches coupées ou dépérissantes du Frêne commun (*Fraxinus excelsior*). — Il a fréquemment comme prédateur un Colydiide, l'*Aulonium trisulcum* Fourcr.

***H. orni** Fuchs, 1906, in *Münchn. Kol. Zeitschr.*, III, p. 51. — H. Wagner in *Ent. Mitt.*, III [1914], p. 161. — *fraxini* (Panz.) Eichh. (pars). — *fraxini* Gyllh. (forte) (¹).

Découvert dans les provinces méridionales de l'Autriche (massif des Karawanken), où il attaque les branches et tiges de 2 à 4 centimètres du Frêne à manne (*Fraxinus ornus*) et du Frêne commun (*Fraxinus excelsior*); retrouvé par la suite sur ce dernier arbre en différents points de l'Allemagne. Les quelques individus que j'ai recueillis accidentellement en France proviennent pour la plupart de localités où le Frêne commun (*Fraxinus excelsior*) croît à l'état spontané et fait partie du peuplement forestier (²).

S.-et-M. : Combs-la-Ville, coteaux boisés dominant L'Yères!!. — S.-Inf^re : Yport!!. — H^te-Marne : Gudmont!!. — Pas-de-Calais : forêt de Boulogne!!.

Vosges : Rochesson!!; Europe Centrale.

Obs. — L'*H. orni* est très caractérisé par son éthologie et par la disposition de ses galeries larvaires, beaucoup plus rapprochées entre elles et plus sinueuses que celles du *varius*. Au point de vue morphologique, il est moins aisé à définir avec précision. Il est toujours sensiblement plus petit (2,5 à 2,8 mm.) et plus étroit que le *varius*; son pronotum, moins court, présente son maximum de largeur un peu avant la base, alors que chez le *varius* les côtés, moins arrondis, convergent en avant dès les angles postérieurs; la sculpture des élytres est plus dense et plus fine, le revêtement du pronotum plus ténu et moins apparent. (*J. S. C. D.*).

(1) L'indication de Gyllenhal (*Ins. Succ.*, III, p. 345) . « *habitat in ramulis exsiccatis* Fraxini excelsioris » et la taille qu'il assigne à son espèce : « *statura fere* H. crenati, *sed* triplo *minor et ultra* » laissent à penser qu'il avait en vue l'*H. orni*. L'espèce remonterait ainsi vers le Nord jusqu'aux provinces méridionales de la Suède (*J. S. C. D.*).

(2) Il en est ainsi par exemple dans les forêts situées sur les marnes jurassiques du Boulonnais (forêt de Boulogne, d'Hardelot, de Desvres); le frêne, presque aussi commun que le chêne, y atteint un beau développement et constitue une proportion importante des « anciens » du taillis sous futaie.

Sect. III. — *Pteleobius* Bed.

H. vittatus Fabr. (p. 411).

H. Kraatzi Eichh. (p. 411). — Biologie (larve) : Xambeu in *Ann. Soc. Linn. Lyon* [1898], p. 22.

Genre **Phlœosinus** Chap. (1).

P. bicolor Br. (p. 411). — Biologie (mœurs) : Decaux in *L'Abeille*, XXVI, Nouv. et faits divers, p. 162. — S.-et-O. : parc de Draveil. en nombre (P. Estiot!). — Signalé par Decaux comme nuisible aux plantations chez les pépiniéristes des environs de Paris.

P. thuyae Perr. (p. 411). — Biologie (mœurs) : Decaux in *Le Naturaliste*, [1893], p. 267. — S.-et-O. : parc de Draveil (P. Estiot!); station de Bouray (J. Magnin!). — Oise : Neuville-Bosc (Carpentier!). — Somme : Boves (Carpentier!); Mondidier (Delaby!). — Hte-Marne : Gudmont!!.

Genre **Phlæophthorus** Woll.

P. rhododactylus Marsh. (p. 412). — Biologie (métam.) : Lövendal ap. Meinert, *Ent. Meddel.*, II, r° 5 [1890]. — Rare en Normandie où il n'a été trouvé qu'à Bernay (Fauvel) et à L'Home près La Ferté-Macé (Bedel).

Genre **Phlæotribus** Latr.

P. scarabaeoides Bern. (p. 412). — Biologie (métam.) : Xambeu in *Rev. d'ent.*, [1889], p. 212; [1893], p. 173; (dégâts) : Targioni-Tozzetti in *Ann. di Agricolt.* [1884], p. 337, fig. 50. — S.-et-O. : Villeneuve-St-Georges (Lesne); Saclas, sur le *Fraxinus excelsior*, pas rare en mai et juin!; Lardy (R. Peschet!). — Yonne : Pont-sur-Yonne; Arcis-sur-Cure (Loriferne).

Obs. — Les individus du bassin parisien, de même que ceux de l'Ouest et du Sud-Ouest de la France, constituent une race spéciale chez laquelle les téguments des élytres sont toujours entièrement noirs (subsp. *occidentalis* Bed., ined.); cette forme vit, non aux dépens de l'olivier comme la race méditerranéenne, mais constamment sur le Frêne et le Lilas. (*J. S. C. D.*).

(1) Dans le tableau des espèces (p. 393 et 394), au lieu de : « 1er et 2e interstries », lire : « 1er et 3e interstries ».

Tribu **CRYPTURGINI.**

Genre **Crypturgus** Er.

C. pusillus Gyll. (p. 412). — S.-et-O. : Trianon (A. Dubois); Lardy (J. Magnin!).

Tribu **IPINI.**

Genre **Hypoborus** Er.

H. ficus Er. (p. 413). — Biologie (métam.) : Xambeu in *Rev. d'ent.*, [1889], p. 274.

Genre **Ernoporus** Thoms.
Cryphalus (pars) Bed., olim.

E. Thomsoni Ferr., 1867 (p. 413) = **E. serratus** Panz., 1795, *Ent. Germ.*, p. 288; **cf.** Eggers in *Ent. Blätt.*, [1911], p. 74. — *fagi* ‡ auct. (non Fabr.).

Obs. — Cette espèce parait manquer en Normandie; elle est indiquée de l'île de Guernesey par Luff.

E. caucasicus Lind. (p. 413). — Hᵗᵉ-Marne : Gudmont!!, obtenu de branches dépérissantes du *Tilia parvifolia*. — Aussi en Saxe, Mecklembourg, Autriche, Hongrie et Italie (d'après Reitter).

E. tiliae Panz. (p. 413). — Oise : Le Mesnil-Sᵗ-Firmin (Stéph. Bazin in coll. H. du Buysson).

Genre **Cryphalus** Er.

* C abietis Ratzb., 1837, *Forstins.*, ed. I, p. 163; ed. 2, p. 198, tab. 13, fig. 17. — Bed., *Faune*, VI, p. 398. — Reitt., l. c., p. 67. — *tiliae* Thoms. — Biologie : Eichhoff, *Eur. Borkenk.*, p. 176.

Spécial aux Conifères, et principalement au *Picea excelsa*; en voie d'acclimatation dans nos plantations d'Epicéa.

S.-et-O. : parc de Trianon à Versailles (A. Dubois!), deux individus, l'un en avril 1895, l'autre en mai 1906. — Marne : Châlons-sur-Vesle; Verzy (Bellevoye). — Hᵗᵉ-Marne : Gudmont, 1903 et 1904!!;

Chaumont (Ch. Clerc!). — Calvados : Monts d'Eraines, 1891, un individu (Fauvel).

Genre **Trypophlœus** Fairm.
Cryphalus (pars) Bed., olim.

T. binodulus Ratzb. (p. 414) = **T. asperatus** Gyllh.. 1813, *Ins. Suec.*, III, p. 368. — Reitt., l. c., p. 69. — S.-et-O. : Saclas!, sur des bûches de *Populus nigra*. — Hᵗᵉ-Marne : Gudmont!!, éclos de branches de *Populus alba* cassées par la tempête; Hallignicourt!!, sur des bûches de *Populus nigra* entassées le long du canal. — Somme : Sᵗ-Valery-sur-Somme (Delaby!).

Genre **Pityophthorus** Eichh.

P. ramulorum Perr. (p. 414). — *pubescens* ‡ Marsh (¹); Fowler, *Col. Brit. Isl.*, V, p. 432. — Paraît actuellement répandu dans toutes les plantations de Pin sylvestre de la région parisienne.

Obs. — Une autre espèce de *Pityophthorus*, très probablement le *P. micrographus* L., Eichh., est en voie d'acclimatation dans nos plantations d'Épicéa; je l'ai observé à l'état de débris dans le parc de Gudmont (Hᵗᵉ-Marne). (*J. S. C. D.*).

Genre **Taphrorychus** Eichh.

T. bicolor Herbst (p. 415). — Très rare en Normandie, où il n'est indiqué que de la Forêt-Verte (près Rouen) par Mocquerys; encore cette localité est-elle considérée comme suspecte par Fauvel. (*L. B.*).

T. villifrons Duf. (p. 415). — S. et S.-et-O. : Bondy (J. Magnin!); Bellevue (A. Dubois). — Paraît manquer dans la partie de la Normandie comprise dans le bassin de la Seine; se retrouve à Granville (Fauvel).

Genre **Xylocleptes** Ferr.

X. bispinus Duft. (p. 415). — Rayer la mention « Algérie » qui s'applique en réalité au *X. biuncus* Reitt., 1894. (*L. B.*).

(1) **En décrivant son *Ips pubescens*, Marsham** (*Ent. Brit.*, p. 58) se réfère au *Bostrichus pubescens* Fabr., 1792, qui est un *Polygraphus*; le nom de *pubescens* Marsh. est par conséquent inadmissible. (*L. B.*).

Genre **Thamnurgus** Eichh.

T. variipes Eichh. (p. 415). — Se développe dans les tiges sèches de l'*Euphorbia amygdaloides* L. (*silvatica* Jacq.); sa galerie est creusée dans le canal médullaire; avril, été. — S.-et-O. : forêt de Sénart (R. P. Leray). — S.-et-M. : Fontainebleau (C. Dumont!). — Eure : forêt d'Évreux (G. Portevin!).

T. Kaltenbachi Bach (p. 416). — S.-et-O. : Achères (Saubinet). — Eure : forêt d'Évreux (G. Portevin!). — Aussi en Portugal (Tavares).

Obs. — Cet insecte paraît être le seul Scolytide paléarctique capable de provoquer dans certains cas une cécidie; cette cécidie a été observée sur le *Teucrium scorodonia* par Perris et par J.-J. Kieffer.

Genre **Dryocœtes** Eichh.

D. coryli Perr. (p. 417). — *sepicola* Lövend., 1889, ap. Meinert, *Ent. Meddel.*, II, p. 25 et 69, tab. I, fig. 1. — Biologie : R. Wimmel in *Ent. Blätt.*, [1919], p. 103, fig. — La ♀ recherche les branchettes de noisetier de la grosseur du doigt, déjà dépérissantes ou à demi desséchées, et creuse sous l'écorce une galerie longitudinale en général bifurquée. — S.-et-O. : La Ferté-Alais!. — Calvados : Trouville.(Sédillot!); Monts-en-Bessin (Fauvel).

Obs. — Cette espèce est le type du sous-genre *Lymantor* Lövend. (loc. cit.).

Genre **Ips** Deg.

Sect. I. — *Ips* s. str.

I. sexdentatus Börn. (p. 417). — Répandu actuellement à peu près partout dans les plantations de Pin sylvestre; se jette même parfois sur les souches et les troncs coupés d'Épicéa, à la place de l'*I. typographus* L., lequel n'a pas encore réussi à s'acclimater dans le bassin parisien. (*J. S. C. D.*).

Sect. 2. — *Orthotomicus* Ferr.

I. erosus Woll. (p. 418). — J'ai vu l'individu signalé par Lajoye de Cernay-lès-Reims, mais j'ai des doutes sur l'authenticité de cette capture. (*L. B.*). — Il y a lieu toutefois de remarquer que l'*I. erosus,* importé dans le Pays de Galles avec du bois de mine (pin maritime) venant de l'Europe méridionale, est actuellement parfaitement acclimaté dans les grandes plantations de pin sylvestre de la forêt de Dean ; il y a même été suivi d'un de ses prédateurs spécifiques, l'*Autonium ruficorne* Ol.; cf. D. J. Atkinson in *Ent. Monthly Mag.*, [1921], p. 53 ; T. Hudson Beare et H. Donisthorpe, ibid. [1922], p. 193. (*J. S. C. D.*).

Genre **Pityogenes** Bed.

P. chalcographus L. (p. 418). — Hᵗᵉ-Marne : parc du château d'Aubérive, été 1911, dans les grosses écorces des *Picea excelsa* morts ! ; l'espèce y est positivement acclimatée.

P. bidentatus Herbst. (p. 418). — Actuellement acclimaté à peu près partout dans les plantations de Pin sylvestre. Il a pour prédateur spécifique le *Corticeus linearis* Fabr., acclimaté lui-même en plusieurs points du bassin de la Seine.

Genre **Xyloborus** Eichh.

Biologie : Chittenden in *Yearb. U. S. Dept. Agr.*, [1896], p. 421 ; Bellevoye in *Bull. Soc. Sc. Nal. Reims*, [1896], sep., p. 1-16, fig.

X. Saxeseni Ratzb. (p. 419). — *xylographus* ‡ Eichh., 1896 (non Say) ; cf. Eggers in *Ent. Blätt.*, [1922], p. 17. — Biologie : Chittenden, l. c., p. 428 ; Bellevoye, l. c. — Espèce polyphage, observée par moi-même sur le Cerisier, par Ch. Brisout sur le Bouleau, par Bellevoye sur des Marronniers d'Inde récemment transplantés, qu'il a contribué à faire périr. La ♀ creuse, perpendiculairement à l'écorce, une galerie pénétrante qui se dilate brusquement en une chambre unique dans laquelle se développent les larves ; les ♂ sont dans la proportion de 4 à 5 %. (*J. S. C. D.*).

X. monographus Fabr. (p. 419).

X. dryographus Ratz. (p. 419). — Les deux espèces qui précèdent ont comme prédateurs spécifiques les Colydiides du genre *Oxylaemus*, qui leur sont analogues par le facies et la couleur. (*J. S. C. D.*). — Le *X. dryographus* existe réellement en Algérie où je l'ai pris dans la forêt de l'Edough près Bône ; par contre il semble manquer en Suède ; le *dryographus* de Boheman et de Thomson est le *cryptographus* Ratz. (*L. B.*).

X. cryptographus Ratz. (p. 419). — *dryographus* Bohem., Thoms. (non Ratz.). — Biologie : Eggers, *Ill. Zeitschr. f. Entom.*, IV [1899], p. 291, fig. ; Mjöberg, *Ark. f. Zool.*, III [1906], p. 137

(fig.). — Par exception dans le genre, cette espèce trace ses galeries sous l'écorce des *Populus*, et non dans l'intérieur du bois. — S.-et-O. : parc de Trianon à Versailles, sous l'écorce d'un *Populus nigra*, octobre et mars (A. Dubois!); vallée de l'Essonne à La Ferté-Alais!; vallée de la Bièvre à Buc (J. Magnin!). — S.-et-M. : forêt de Fontainebleau, sur *Populus tremula* (Gruardet!). — Oise : forêt de Compiègne (G. de Buffévent!). — Somme : île Ste-Aragone près Amiens (L. Carpentier!); Montdidier (Colin).

X. dispar Fabr. (p. 420). — *pyri* Peck, 1817. — Biologie : Hubbard in *U. S. Dept. Agric.*, [1897], n° 7; Bellevoye, l. c.; Chapman in *Trans. ent. Soc. Lond.*, [1904], p. 160; Schneider-Orelli in *Zentrabl. Bakter.*, Jena [1913], tab. et fig. — Assez répandu dans tout le bassin de la Seine; aussi dans le Djurdjura (Algérie). — Espèce polyphage; la ♀ perce dans le bois une galerie pénétrante, sur laquelle s'embranchent presque à angle droit un nombre variable de galeries secondaires dans lesquelles se développent les larves. Les ♂ sont dans la proportion de 20 % environ.

Genre **Trypodendron** Steph.

Revision : W. Blandford, *Report on the destr. of beer-casks in India*, [1898], p. 27, tab.

T. domesticum L. (p. 420). — S. et S.-et-O. : Paris, dans le bois de chauffage (Desbordes!) et sur les quais où on le débarque!; Le Rainey (J. Magnin!). — Oise : forêt de Compiègne (Ph. Grouvelle!, Méquignon). — Aisne : forêt de Villers-Cotterets (G. de Buffévent!!).

T. signatum Fabr. (p. 420). — Biologie : R. Trédl in *Ent. Blätt.*, [1915], p. 166. — S.-et-M. : forêt de Fontainebleau, dans le hêtre!!. — Oise : forêt de Compiègne!; Laigneville, dans un tronc de hêtre provenant probablement de la forêt de Hallatte (Méquignon). — Aisne : forêt de Villers-Cotterets (G. de Buffévent!!); forêt de St-Gobain (Champenois). — Aussi au Japon (v. *niponicum* Blandf.).

Obs. — En Croatie, Trédl (l. c.) a observé la ponte du *T. signatum* sur des troncs d'aunes ayant au moins un an d'abattage.

T. lineatum Ol. (p. 421). — Aisne : Soissons, un individu (G. de Buffévent!). — Aussi en Algérie au Djebel-Babor, sur l'*Abies numidica* (M. de Vauloger!).

Obs. — Le *Trypodendron lineatum* a comme commensaux spécifiques les *Epuraea laeviuscula* Gyllh. et *angustula* Er., lesquelles
recherchent probablement, non les larves de *Trypodendron*, mais
l'« ambroisie » qui se développe dans leurs galeries. L'*E. angustula*
a d'ailleurs été observée aussi sur les troncs de hêtres perforés par le
T. domesticum; cf. R. S. Bagnall in *Ent. Monthly Mag.*, [1907],
p. 234.

Famille **PLATYPODIDÆ**.

Genre **Platypus** Herbst.

P. cylindrus Fabr. (p. 421). — Biologie : Chapman in *Ent.
Monthly Mag.*, VIII, p. 103-132. — S.-et-M. : forêt de Fontainebleau,
dans les troncs de chênes et de hêtres morts (Gruardet!). — Marne :
forêt de Germaine, sur de gros chênes abattus, du côté du Gouffre
(R. Ley!). — Aube : Aix-en-Othe (abbé Garnier). — H^te-Marne :
forêt du Val (Peschet).

Obs. — Bien que le *Platypus cylindrus* existe en Grande-Bretagne,
il ne paraît pas dépasser en France la latitude de Paris. Il se trouve
dans l'Ouest jusque dans les départements de la Mayenne : Lassay
(Perrier), de l'Ille-et-Vilaine : Bourg-des-Comptes (Pasquet), forêt
de Paimpont!!, et de la Loire-Inférieure (E. de l'Isle!!).

Notre *Platypus* a pour prédateur spécifique le *Colydium elongatum*
Fabr., qui présente avec lui une certaine analogie de sculpture et de
coloration.

La deuxième espèce européenne, *P. oxyurus* L. Duf., est spéciale
aux Conifères du genre *Abies*; elle s'étend de l'Ouest à l'Est sur un
petit nombre de localités échelonnées depuis les Basses-Pyrénées et
les Pyrénées de l'Aude jusqu'à la Corse, la Calabre, l'île d'Eubée et
la région de Lenkoran (Ch. Martin!).

APPENDICE

I

TABLEAU STATISTIQUE
DES DIFFÉRENTES FAMILLES VÉGÉTALES
NOURRISSANT LES TRIBUS DES *CURCULIONIDÆ*

Le tableau ci-dessous comprend la plupart des *Curculionidae* endophytes, c'est-à-dire de ceux dont les larves vivent à l'intérieur des tissus végétaux. Ils sont en général très spécialisés dans leurs préférences; les cas de polyphagie caractérisée sont excessivement rares. La statistique numérique porte sur les *Curculionidae* de la faune française, renforcés de quelques espèces très connues ou très bien étudiées appartenant aux faunes de l'Europe centrale et des pays méditerranéens. Au reste, le nombre absolu des espèces importe peu, les proportions seules étant intéressantes.

Le nombre des tribus inféodées à une même famille végétale est en général très restreint; en mettant à part les végétaux ligneux et les insectes xylophages, nous trouvons en tête les grandes familles des Papilionacées et des Composées avec quatre tribus chacune (cinq en ajoutant, d'une part les *Sitonini*, d'autre part les *Cleonini*). Inversement, la plupart des tribus sont, chacune, assez étroitement adaptées à un petit nombre de familles végétales; seuls les grands groupements des *Ceuthorrynchini* et *Apionini* s'étalent sur un grand nombre de familles (24 pour les *Ceuthorrynchini*, 15 pour les *Apionini*). Ainsi que me l'a fait remarquer M. de Peyerimhoff, ces deux derniers groupements s'excluent presque toujours. Ils n'ont en commun que trois familles de plantes (Composées, Labiées, Polygonées), et même deux seulement si l'on s'en tient aux genres *Apion* et *Ceuthorrhynchus* (1)

(1) D'après V. Hansen (*Danmarks faune*, Snudebiller, p. 166), un beau *Ceuthorrhynchus* du Nord de l'Europe, *C. fennicus* Faust (*albonebulosus* Hans.), vivrait sur des Légumineuses, et notamment sur le *Lotus corniculatus*. Le fait est d'autant plus extraordinaire que l'espèce est étroitement apparentée au *C. marginatus* qui vit sur des Composées.

	Hyperini	Erirrhinini	Smicronychini	Tanysphyrini	Bagoini	Cryptorrhynchini	Ceuthorrhynchini	Baridiini	Calandrini	Anthonomini (1)	Balanini	Tychiini (2)	Orchestini (3)	Mecinini	Cionini	Nanophyini	Apionini	Rhynchitini	Nemonychidae
Renonculacées																		1	1
Papavéracées							2												
Fumariacées							3												
Crucifères							51	11											
Cistinées																	10	2	
Violariées							1												
Résédacées							1	2											
Caryophyllées	1						1					9					6		
Malvacées								1									6		
Géraniées	3						2												
Hypéricinées																	2		
Acérinées										3								1	
Rutacées																	1		
Papilionacées	10	2										25					76		
Rosacées										10			1					11	
Onagrariées							1												
Myriophyllées							2												
Lythrariées							1									7			
Tamariscinées	4															6	1		
Crassulacées																2	2		
Ombellifères	5						2										1		
Loranthacées																	1		
Caprifoliacées													1				1		
Composées							9	2					3				16		
Campanulacées															9				
Ericinées							2									1			

	Hyperini	Erirrhinini	Smicronychini	Tanysphyrini	Bagoini	Cryptorrhynchini	Ceuthorrhynchini	Baridiini	Calandrini	Anthonomini (1)	Balanini	Tychiini (2)	Orchestini (3)	Mecinini	Cionini	Nanophyini	Apionini	Rhynchitini	Nemonychidae
Primulacées							1				1			2					
Uléinées										1				2					
Cuscutacées			2																
Borraginées							12												
Verbascées	1												3	8					
Scrophularinées													19	7					
Orobanchées		1																	
Labiées							11										7		
Plantaginées							4							7			1		
Plombaginées											4								
Globulariées															1				
Salsolacées								2											
Polygonées	1						13										11		
Euphorbiacées																	2		
Ulmacées										1			2						
Urticées							2										4	5	
Cupulifères						6				5	5		7				5	2	
Salicinées		24					1	1					7					2	
Bétulinées							1				2		6					2	
Alismacées				1															
Liliacées							2												
Hydrocharilées				1															
Iridées							1												
Lemnacées					1														
Cypéracées			3				2												
Graminées					1														
Abiétinées										4	2								
Cupressinées																	1		
Gnéthacées						4													
Equisétacées		1			2														
—																			
Galles d'Hyménoptères et de Diptères											4						1		

(1) Incl. gen. *Brachonyx.* — (2) Incl. gen. *Lignyodes.* — (3) Incl. gen. *Ramphus* et *Inoplus.*

II

RENSEIGNEMENTS SURVENUS PENDANT L'IMPRESSION

Choragus Sheppardi Kirb. — La biologie de cette espèce a été publiée pour la première fois par L. Dufour (*Ann. Soc. ent. Fr.*, [1842], p. 314, fig.).

Rhynchites coeruleus Deg. — D'après O. Pasquet (*Cat. Col. de la Manche*, p. 299) et F. Picard (*La Feuille des Naturalistes*, Nouvelle Série, n° 3, mai 1924), c'est le *R. coeruleus*, et non le *R. minutus*, qui cause des ravages aux cultures de fraises. Il a été observé aux environs de Cherbourg coupant les pédoncules floraux des Fraisiers cultivés.

Otiorrhynchus clavipes Bonsd. — Dans sa récente revision des *Otiorrhynchus* gallo-rhédans (*Ann. Soc. ent. Fr.*, [1923], p. 1-148), A. Hustache fait deux espèces distinctes des *O. clavipes* Bonsd. et *O. lugdunensis* Bohem. Il rattache au premier les individus que j'ai capturés à Gudmont (Hᵗᵉ-Marne) et au second ceux recueillis par M. Hoffmann dans les pépinières des environs de Paris.

Peritelus rusticus Bohem. — Marne : Berzieux (F. Gruardet!!.). — Côte-d'Or : Montbard (id.!!). — Aussi à Bourges (id.!!). — Paraît s'écarter peu des affleurements calcaires (jurassique, craie blanche, calcaire grossier du tertiaire parisien).

[*Cathormiocerus curvipes* Woll. — Manche : Coutances (Monnot, cité par O. Pasquet, l. c., p. 269). — Aussi aux environs de Rennes (R. Oberthür)].

C. maritimus Rye. — *socius* ‡ Bed. — [Manche : Moidrey (R. Oberthür); Cherbourg, mars-avril (F. Picard)].

Barypithes duplicatus Keys. — Le Dʳ Ed. Everts a bien voulu me signaler la capture récente de cette espèce dans le Limbourg hollandais.

Foucartia squamulata Herbst. — Le *F. squamulata* Herbst a été autrefois signalé de Trigny (Marne) par Lajoye (*Cat. Col. env. Reims*, 2ᵉ éd., p. 149). J'ai vu autrefois les individus de Trigny; ce sont bien des *Foucartia*; mais, ne les ayant eus sous les yeux que quelques instants sans points de comparaison, je ne puis certifier à quelle espèce ils appartiennent. D'après un renseignement communiqué par A. Hustache, c'est bien le *F. squamulata* qui se prend dans le département de la Marne; l'espèce a été retrouvée en d'autres points des environs de Reims par le Dr Bettinger.

Strophosomus melanogrammus Forst. — *coryli* F. — Biologie (présence des deux sexes) : Ths. Munster in *Ent. Meddel.*, XIX [1921], p. 330; Ulmann in *Ent. Blätt.*, XVIII [1922], p. 11. — Munster dit n'avoir jamais vu de ♂; Ulmann, qui a étudié l'espèce dans la même région (provinces méridionales de la Norvège), déclare posséder en collection sept ♂ du *S. melanogrammus.* D'après lui, le ♂ ne présenterait pas la tache dénudée en arrière de l'écusson; cette tache serait spéciale aux ♀. Des accouplements ont été observés à Cassel par le Dr Weber.

[*Sitona lineellus* Bonsd. — Retrouvé par A. Hustache dans les parties élevées des Alpes de Provence et du Dauphiné, où il vit particulièrement sur l'*Astragalus aristatus* : Allos et Maurin (Basses-Alpes), Villars-d'Arène (H^tes-Alpes), La Grave (Isère)].

Lixus punctiventris Bohem. — Biologie : L. Falcoz in *Bull. Soc. ent. Fr.*, [1922], p. 225. — A Vienne (Isère), ce Lixus se développe dans la partie inférieure des tiges du *Barkhausia taraxacifolia*.

Tanysphyrus lemnae Payk. — Biologie : Urban in *Ent. Blätter*, XVIII [1922], p. 73. — L'auteur a réussi à élever l'espèce en captivité dans un verre d'eau dont la surface avait été parsemée de quelques Lentilles d'eau. Il donne d'intéressants détails sur le comportement de la larve et de l'imago. La larve se transforme à sec sans faire de cocon.

Hydronomus nigritarsis Thoms. — Biologie : Urban in *Ent. Blätt.*, XVIII [1922], p. 18. — La larve se développe, comme celle de l'*H. claudicans* Bohem., dans les tiges de l'*Equisetum limosum*.

Anthonomus humeralis Panz. — D'après G. C. Champion (*Ent. Monthly Mag.*, [1924], p. 74), cette espèce a été capturée en assez grand nombre dans le comté de Kent, tombée dans les pièges fixés aux troncs des pommiers cultivés et servant à la destruction de l'*A. pomorum*.

Phytobius muricatus Ch. Bris. — Seine-et-Oise : Sucy-en-Brie (Méquignon). — Oise : Laigneville (id.)

TYPOGRAPHIE FIRMIN-DIDOT ET Cie. — PARIS.

www.ingramcontent.com/pod-product-compliance
Lightning Source LLC
LaVergne TN
LVHW020634200726
843508LV00002B/591